Bangkok

1 THEME BOOK | 테마북

이진경 · 김경현 지음

길벗

무작정 따라하기 방콕

The Cakewalk Series - BANGKOK

초판 발행 · 2018년 1월 5일
초판 4쇄 발행 · 2019년 1월 11일
개정판 발행 · 2019년 6월 28일
개정판 3쇄 발행 · 2019년 11월 8일
개정2판 발행 · 2023년 7월 21일

지은이 · 이진경 · 김경현
발행인 · 이종원
발행처 · (주)도서출판 길벗
출판사 등록일 · 1990년 12월 24일
주소 · 서울시 마포구 월드컵로 10길 56(서교동)
대표전화 · 02)332-0931 | **팩스** · 02)323-0586
홈페이지 · www.gilbut.co.kr | **이메일** · gilbut@gilbut.co.kr

편집팀장 · 민보람 | **기획 및 책임편집** · 백혜성(hsbaek@gilbut.co.kr) | **표지 디자인** · 강은경
제작 · 이준호, 김우식 | **영업마케팅** · 한준희 | **웹마케팅** · 류효정, 김선영 | **영업관리** · 김명자 | **독자지원** · 윤정아, 최희창

진행 · 김소영 | **본문 디자인** · 한효경 | **지도** · 김경현 | **교정교열** · 이정현 | **일러스트** · 이희숙, 양하나
CTP 출력 · 인쇄 · 제본 · 상지사피앤비

ISBN 979-11-407-0498-9(13980)
(길벗 도서번호 020237)

정가 22,000원

독자의 1초까지 아껴주는 길벗출판사

(주)도서출판 길벗 ┃ IT교육서, IT단행본, 경제경영, 어학&실용서, 인문교양서, 자녀교육서 www.gilbut.co.kr
길벗스쿨 ┃ 국어학습, 수학학습, 어린이교양, 주니어 어학학습, 학습단행본 www.gilbutschool.co.kr

"

독자의 1초를 아껴주는 정성!
세상이 아무리 바쁘게 돌아가더라도
책까지 아무렇게나 빨리 만들 수는 없습니다.
인스턴트식품 같은 책보다는
오래 익힌 술이나 장맛이 밴 책을 만들고 싶습니다.

땀 흘리며 일하는 당신을 위해
한 권 한 권 마음을 다해 만들겠습니다.
마지막 페이지에서 만날 새로운 당신을 위해
더 나은 길을 준비하겠습니다.

독자의 1초를 아껴주는 정성을 만나보십시오.

"

INSTRUCTIONS
무작정 따라하기 일러두기

이 책은 전문 여행작가 2명이 방콕 전 지역을 누비며 찾아낸 관광 명소와 함께,
독자 여러분의 소중한 여행이 완성될 수 있도록 테마별, 지역별 정보와 다양한 여행 코스를 소개합니다.
이 책에 수록된 관광지, 맛집, 숙소, 교통 등의 여행 정보는 2023년 6월 기준이며 최대한 정확한 정보를 싣고자 노력했습니다.
하지만 출판 후 또는 독자의 여행 시점과 동선에 따라 변동될 수 있으므로 주의하실 필요가 있습니다.

1권 미리 보는 테마북

1권은 방콕을 비롯한 근교 지역의 다양한 여행 주제를 소개합니다. 자신의 취향에 맞는 테마를 찾은 후
2권 페이지 표시를 참고, 2권의 지역과 지도에 체크하여 여행 계획을 세울 때 활용하세요.

1권은 방콕과 근교의
다양한 여행 주제를
볼거리, 음식, 쇼핑,
체험으로 소개합니다.

볼거리

음식

체험

쇼핑

이 책은 국립국어원 외래어
표기법을 따랐습니다. 그러나
태국어 지명이나 상점명
등은 현지 발음을 기준으로
했으며, 브랜드명은 우리에게
친숙한 것이나 국내에 소개된
명칭으로 표기했습니다.

MAP
2권에서 해당
스폿을 소개한
지역의 지도
페이지를
안내합니다.

INFO
2권의 해당되는
지역에서
소개하는
페이지를 명시.
여행 동선을
짤 때
참고하세요!

구글 지도 GPS
위치 검색이
용이하도록
구글 지도
검색창에
입력하면 바로
장소별 위치를
알 수 있는
GPS 좌표를
알려줍니다.

찾아가기
BTS 역이나
MRT 역,
랜드마크
기준으로 가장
쉽게 찾아갈 수
있는 방법을
설명합니다.

주소
해당 장소의
주소를
알려줍니다.

전화
대표 번호
또는 각
지점의 번호를
안내합니다.

시간
해당 장소가
운영하는
시간을
알려줍니다.

휴무
특정 휴무일이
없는 현지
음식점이나
기타 장소는
'연중무휴'로
표기했습니다.

가격
입장료, 체험료,
식비 등을 소개
합니다. 식당의
경우 여러 개의
추천 메뉴가
있을 경우에는
전반적인 가격대를
알려줍니다.

홈페이지
해당 지역이나
장소의 공식
홈페이지를
기준으로
소개합니다.

<u>2권</u> 가서 보는 코스북

2권은 방콕의 대표적인 인기 여행지와 현재 새롭게 뜨고 있는 핫 플레이스까지 총 10개 지역을 선정해 소개합니다.
또 방콕과 함께 연계해서 여행하면 좋은 근교 지역도 소개합니다. 여행 코스는 지역별, 일정별, 테마별 등 다양하게 제시합니다.
1권 어떤 테마에서 소개한 곳인지 페이지 연동 표시가 되어 있으니, 참고해서 알찬 여행 계획을 세우세요.

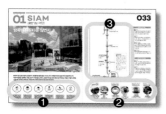

지역 상세 지도 한눈에 보기

각 지역별로 소개하는 볼거리, 음식점, 쇼핑
장소, 체험 장소, 숙소 위치를 실측 지도를 통해
자세히 알려줍니다. 지도에는 한글 표기와
영문 표기, 소개된 2권 본문 페이지가 함께
표시되어 있습니다. 또한 여행자의 편의를 위해
지역별 골목 사이사이에 자리한 맥도날드,
버거킹, 스타벅스 등의 프랜차이즈 숍과 다양한
편의점의 위치를 꼼꼼하게 표시했습니다.

지역&교통편 한눈에 보기

①인기, 관광지, 쇼핑, 식도락, 나이트라이프, 복잡함 등의 테마별로 별점을 매겨 각 지역의 특징을 알려줍니다.
②보자, 먹자, 사자, 하자 등 놓치지 말아야 할 체크리스트를 소개합니다.
③BTS, MRT, 수상 보트 등 해당 지역으로 이동할 때 이용해야 할 교통 정보를 한눈에 보여줍니다.
메인 역까지 가기 위한 정거장 수, 소요 시간, 요금 등 세부적으로 알려주어 여행 경비와 시간을 효율적으로
활용할 수 있게 도와줍니다. 표기한 명칭은 역명 기준이지만 지역명으로 봐도 무방합니다.

코스 무작정 따라하기

해당 지역을 완벽하게 돌아볼 수 있는 다양한 코스를
지도와 함께 소개합니다.
① 모든 코스는 역 또는 여행의 기준점이 되는
랜드마크에서부터 시작합니다.
② 스폿별로 그다음 장소를 찾아가는 방법을
소개합니다.
③ 해당 스폿의 운영 시간, 휴무일 등 꼭 필요한 여행
정보만 명시했습니다.

지도에 사용된 아이콘

관광지·기타 지명
- ◉ 추천 볼거리
- ◉ 추천 쇼핑
- ◉ 추천 레스토랑
- ◉ 추천 즐길거리
- ◉ 추천 호텔
- ◉ 관광 안내소
- ◉ 볼거리
- ◉ 유명 레스토랑
- ◉ 숙소
- ◉ 게스트하우스
- ◉ 쇼핑
- ◉ 즐길거리
- ◉ 학교
- ◉ 우체국
- ◉ 공원

교통·시설
- ◉ 기차역
- ◉ 방콕 BTS
- ◉ 방콕 MRT
- ◉ 한인업소
- ◉ 선착장
- ◉ 공항
- ◉ 택시 정류장
- ◉ 버스 터미널
- ◉ 주차장
- ◉ 경찰서
- ◉ 주유소
- ◉ 병원
- ◉ 주요 건물
- ◉ 스타벅스
- ◉ 세븐 일레븐
- ▦ 훼미리마트
- ▦ 맥도날드
- ◉ 버거킹
- KFC KFC

줌 인 여행 정보

지역별 관광, 음식, 쇼핑, 체험 장소 정보를
역 출구나 대표 랜드마크 기준으로 구분해서
소개해 여행 동선을 쉽게 짤 수 있도록
해줍니다. 실측 지도에 포함되지 못한
지역은 줌 인 지도를 제공해 더욱 완벽한
여행을 즐길 수 있게 도와줍니다.

PROLOGUE

작가의 말

이진경

태국은 여행하기 정말 좋은 나라입니다.
특히 방콕은 역사적인 볼거리와 도심의
매력을 동시에 품은 곳입니다.
《무작정 따라하기 방콕》과 함께 방콕에서
보고, 먹고, 쇼핑하는 재미에
푹 빠져보시길 바랍니다.
• 《무작정 따라하기 타이베이》, 《무작정
따라하기 치앙마이》, 《태국관광청 가이드북》,
《죽기 전에 꼭 가봐야 할 여행지 33(2)》,
《Just Go 강원도》

오래전, 싱가포르와 말레이시아, 태국을 여행한 적이 있습니다. 싱가포르에서 시작해 말레이시아의 몇 개 도시를 거쳐 마지막으로 찾은 곳이 태국이었습니다. 그때 알았죠. 전 세계 사람들이 태국으로 모여드는 이유를요.

세월만큼 많은 것이 변했습니다. 당시에는 완행버스를 타고 지방 소도시를 여행했습니다. 버스의 노래방 기계에서 흘러나오는 유행가를 한목소리로 따라 부르던 학생들이 기억납니다. 이미 버스는 버스가 아니라 축제의 현장이었죠. 방콕에 BTS가 생겼을 땐 정말 반가웠습니다. 재빠르게 이동하며 땀까지 식힐 수 있으니 그야말로 일석이조였습니다. 그땐 그랬습니다. 교통편에 택시를 이용하라고 적은 일본 가이드북 번역서가 우리의 실정에 맞지 않는다며 목 놓아 울부짖던 시절이었습니다.

세월이 흐르며 저희도 변했습니다. 이제 저희는 아무렇지도 않게 렌터카를 빌립니다. BTS의 불편한 구조와 낙후된 시설을 흉보기도 하죠. 가이드북 교통편에 택시를 이용하라고 적기도 합니다. 비단 저희만이 아닐 것이라고 생각합니다. 요즘 여행자에게는 돈만큼 시간과 편리도 귀중하니까요.

여행자의 시간과 편리를 챙기는 건 가이드북의 역할 중 하나일 겁니다. 《무작정 따라하기 방콕》을 집필하며 그 부분을 늘 염두에 두었습니다. 낯선 여행지의 수많은 선택지 중에서도 소중한 것들만 담으려 애썼습니다. 단순히 보는 여행을 넘어 잘 먹고, 잘 노는 즐거움을 소개해드리고자 노력했습니다.

스마트하고 꼼꼼하며 부지런한 백혜성 편집자가 아니었다면 힘든 작업이었을
겁니다. 후반 작업 기간에는 잠도 제대로 못 주무셨죠. 사는 동안 한 번도 쓰
러진 적이 없어 정말 다행입니다. 기절의 로망(?)은 로망으로만 남겨두길 바랄
게요. 수고하셨고, 감사합니다. 초반 목차 작업을 함께 했던 우현진 팀장님,
고맙습니다. 잘 쉬고 돌아오세요. 교정 교열 담당 이정현 님에게도 감사의 인
사를 전합니다. 걸어 다니는 국어사전이에요. 숱한 주말을 헌납한 디자이너님
들도 너무 고생 많으셨습니다. 감사합니다. 여러분 덕분에 글이 책으로 완성
됐습니다. 감사합니다.

취재에 여러모로 도움을 주신 태국 관광청과 한눈송이 님, 늘 감사합니다. 공
항 사진 찍어주신 민병규 님, 고맙습니다.

다섯 마리 고양이의 집사 주제에 걱정 없이 취재를 떠날 수 있었던 건 고마운
이웃 덕분입니다. 비비 엄마 김효숙 님, 감사합니다. 매번 염치없이 부탁드려
요. 비비 아빠 신호승 님, 건승을 바랍니다. 은주도 고맙다. 고마운 마음은 세
월이 지나도 변하지 않을 겁니다. 마치 태국처럼요.

오래전, 싱가포르와 말레이시아를 거쳐 태국에 도착한 저희는 끄라비의 한 리
조트에 짐을 풀었습니다. 썽태우를 타고 찾아간 그곳은 정말 리조트였습니다.
넉넉하지 않은 경비 탓에 싱가포르의 모텔과 말레이시아의 허름한 호텔을 전
전하던 터라 그 자체가 감동이었죠. 뼛속까지 친절로 무장한 태국인들의 환대
를 받았고, 시간제한 없이 술을 사서 즐겼습니다. 천국이 따로 없었죠. 지금도
마찬가지입니다. 태국의 물가는 저렴하고, 태국인들은 여전히 친절합니다. 우
리나라를 빼고 태국만큼 술 먹기 좋은 곳도 없죠. 그 어느 나라도 따라갈 수 없
는 태국의 매력은 세월이 지나도 변함없이 무궁무진합니다. 이 책과 함께 여러
분도 태국과 방콕의 매력을 오롯이 느낄 수 있기를 바라봅니다.

김경현
수십 번 방콕 여행을 했지만
방콕은 저에게 여전히 넓은 도시입니다.
방콕 여행자에게 도움이 되도록 그동안의
노하우와 열정을 모아 책에 담았습니다.
좋은 여행하시길 바랍니다.

- 《무작정 따라하기 타이베이》,
《무작정 따라하기 치앙마이》,
《태국·베트남·캄보디아·라오스 100배
즐기기》, 《태국관광청 가이드북》,
《죽기 전에 꼭 가봐야 할 여행지 33(2)》,
《Just Go 충청도》 외 다수

INTRO
무작정 따라하기 **태국 국가 정보**

국가명
쁘라텟 타이, 태국
Kingdom of Thailand

수도
끄룽텝, 방콕 Bangkok

국기
현 짜끄리 왕조의 라마 6세 때인 1917년부터 사용했다. 청색은 국왕, 흰색은 불교, 적색은 국민의 피를 상징한다. 태국어로는 '통뜨라이롱'이라고 한다.

위치
동남아시아 인도차이나 반도의 중앙에 자리한다. 북서쪽으로 미얀마, 북동쪽으로 라오스, 동쪽으로 캄보디아, 남쪽으로 말레이시아와 국경을 접하고 있다.

언어
Thai Language
공용어 태국어
여행 관련 종사자들은 대부분 영어를 구사한다.

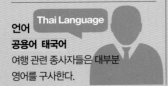

면적
51만4000㎢. 한반도의 약 2.3배, 대한민국 면적의 약 5배이다. 북서쪽으로 미얀마와 국경을 맞대고 있으며, 북동쪽으로 라오스, 동쪽으로 캄보디아, 남쪽으로는 말레이시아와 국경을 맞대고 있다. 국토의 28%가 삼림지대로 이루어져 있으며 약 41% 가량은 경작지로 구성되어 있다. 지역 구분은 치앙마이를 중심으로 하는 북부, 방콕을 중심을 하는 중부, 나컨 랏차씨마를 중심으로 하는 이싼(동북부), 푸껫을 중심으로 하는 남부로 나눌 수 있다.

514,000㎢

인구
7030만 명(2023년 기준)

종교
불교 90%, 이슬람교 6%, 기독교 2%, 기타 2%

여권 & 비자
왕복 항공권과 유효기간이 6개월 이상 남은 여권을 소지하면 무비자로 90일간 체류 가능.

PASS

인종
태국 75%, 중국 14%, 말레이 11%

시차
한국보다 2시간 느리다.
한국이 오전 10시면 태국은 오전 8시.

기후
열대몬순 기후로 연평균 기온은 29도다. 1년 중 가장 더운 시기는 4월. 기온이 40도까지 올라가기도 한다. 여행하기 가장 좋은 시기는 건기에 해당하는 11월 초~2월 말로 기온은 18~32도 정도다.

화폐

공식 화폐는 밧(B, Baht)이다. 지폐로는 20·50·100·500·1000B이 있다. 동전은 1·2·5·10B과 25사땅, 50사땅을 사용한다. 1B은 100사땅이다.

신용카드

비자 VISA, 마스터카드 Mastercard, 아멕스 AMEX, JCB 등 해외 결제가 가능한 신용카드를 사용할 수 있다. 고급 호텔, 고급 레스토랑, 백화점 등에서는 사용하기 수월한 편. 일부 레스토랑과 상점은 일정 금액 이상을 소비해야 신용카드를 받으며, 서민 식당 등지에서는 아예 사용할 수 없는 경우가 많다.

ATM

곳곳에 자리한 ATM에서 신용카드를 이용해 현금 인출(Withdrawal)이 가능하다. 은행에 따라 환율의 편차가 크기 때문에 얼마의 환율이 적용되는지 꼼꼼히 살펴보는 게 좋다. 수수료는 220B가량 나온다.

화장실

방콕 시내에서는 쇼핑센터 내 화장실을 찾으면 된다. 편리하고 깔끔해서 이용할 만하다. 자주 이용하는 교통수단 중 하나인 BTS 역사 내에는 개방된 화장실이 없으니 주의할 것. MRT 역사 내에는 공중화장실이 있다. 터미널이나 작은 사원에 딸린 공중화장실에는 화장지가 비치돼 있지 않으며, 입구에서 3~5B의 사용료를 받기도 한다. 전반적으로 화장실 이용이 불편하므로 이동하기 전 화장실에 다녀오는 게 좋다.

스마트폰

공항과 대부분의 숙소를 비롯해 일부 쇼핑센터와 레스토랑에서 무료 와이파이를 제공하지만, 속도는 장담할 수 없다. 가장 편리한 방법은 태국 심카드를 구매하는 것. AIS, Dtac, TrueMove 등 통신사에서 기간, 데이터와 통화 용량에 따라 다양한 상품을 선보인다. 쑤완나품 공항 입국장의 통신사 부스를 이용하면 편리하다. 포켓 와이파이는 심카드에 비해 비싸지만 일행이 많고, 한국의 전화번호를 유지해야 하는 경우에 유용하다.

환율

1B=약 40원(매매기준율 기준)

당연한 이야기지만 환율에 따라 체감 물가는 달라진다. 1B=30원가량은 당장 태국으로 떠나고 싶은 환율. 최근 몇 년 동안 유지하고 있는 1B=35원가량의 환율 역시 부담 없이 짐을 꾸릴 수 있는 수준이다.

환전

태국에서는 한국 돈의 환전이 쉽지 않으므로 한국에서 미리 환전하는 게 편리하다. 미국 달러는 태국 어디에서든 자유롭게 환전할 수 있지만 한국 원화를 미국 달러로, 미국 달러를 다시 태국 밧으로 환전하면 이중으로 수수료를 물어야 하므로 추천하지 않는다.

와이파이

대부분의 레스토랑과 숙소에서 무료 와이파이를 제공한다. 아이디와 비밀번호는 별도로 문의해야 하는 경우가 많다.

전압

220~240V. 콘센트 모양은 다르지만 별도의 어댑터 없이 한국 플러그를 사용할 수 있다.

식수

태국의 수돗물은 석회질이 함유돼 있어 식수로 적당하지 않다. 반드시 생수를 마실 것. 커피, 라면을 끓일 때에도 생수를 사용해야 한다.

우편

시내 곳곳에 우체국이 자리한다.

INTRO
무작정 따라하기
방콕 지역 한눈에 보기

⑨ 쌈쎈·테웻
Sansen Rd
Si Ayutthaya Rd
Sanam Pao
Krung Kasem Rd
Luk Luang Rd
Rama VIII Rd
Phisanulok Rd
Victory Monument
Thailand Cultural Centre
⑦
카오산 로드
⑧
Ratchadamnoen Klang Rd
Phaya Thai
Ratchaprarop
Makkasan
Phra Ram 9
① 싸얌
② 칫롬·프런찟
Phetchaburi
Phetchaburi Rd
Makka
⑥
왕궁 주변
⑩
민주기념탑 주변
③
National Stadium
Siam
Chit Lom
Phloen Chit
Nana
왓 포
왓 아룬
Sam Yot
Sanam Chai
차이나타운
Wat Mangkon
Hua Lamphong Railway Station
Ratchadamri
Sukhumvit
Asok
나나·아쏙·프롬퐁
Itsaraphap
Yaowarat Rd
Hua Lamphong
Sam Yan
④
텅러·C
Khlong San
Silom
Phrom Phong
씨롬·싸톤
Charoen Nakhon
⑤
Sala Daeng
Lumphini
Thong Lo
Silom Rd
Chong Nonsi
Sathorn Rd
Queen Sirikit National Convention Centre
Pho Nimit
Wongwian Yai
Krung Thon Buri
Saphan Taksin
Surasak
Saint Louis
Ekkama

AREA 1 싸얌 SIAM

📷 관광 ★★☆☆☆
🛍 쇼핑 ★★★★★
🍴 식도락 ★★★★★

방콕의 다운타운 일번지 싸얌 파라곤, 싸얌 센터, 싸얌 디스커버리 등 대규모 쇼핑센터가 자리한 방콕의 대표 중심지

📍 이런 분들에게 잘 어울려요!

방콕 최고의 다운타운을 보고 싶은 태국 초보 여행자

싸얌 파라곤의 진가를 깨우친 방콕 여행 마니아

시티 라이프가 적성에 딱 맞는 2030 여자끼리 여행

AREA 2 칫롬 CHITLOM · 프런찟 PHLOEN CHIT

📷 관광 ★☆☆☆☆
🛍 쇼핑 ★★★★★
🍴 식도락 ★★★★★

스펙트럼이 다양한 쇼핑 스트리트 센트럴 월드, 게이손, 센트럴 앰버시 등이 자리한 방콕의 대표 쇼핑가

📍 이런 분들에게 잘 어울려요!

쇼핑의 A to Z를 섭렵하고자 하는 쇼핑 마니아

싸얌 지역을 방문한 경험이 있는 방콕 여행 유경험자

고즈넉한 랑쑤언 로드 등 도심의 이중적인 면을 찾는 여행자

BANGKOK

AREA 3 나나 NANA · 아쏙 ASOK · 프롬퐁 PHROMPHONG

📷 관광 ★☆☆☆☆
🛍 쇼핑 ★★★★★
🍴 식도락 ★★★★★

방콕을 대표하는 유흥·상업 지역 쑤쿰윗 지역의 일부. 유흥 시설은 나나, 쇼핑센터는 아쏙과 프롬퐁에 몰려 있다.

🔎 **이런 분들에게 잘 어울려요!**

엠쿼티어 등 고급 쇼핑센터를 여유롭게 즐기고 싶은 3040 직장인

밤새 놀 각오로 고고 바를 찾아 헤매는 남자 또래 여행자

터미널 21의 창의적인 숍을 좋아하는 감각적인 2030

AREA 4 텅러 THONG LO · 에까마이 EKKAMAI

📷 관광 ☆☆☆☆☆
🛍 쇼핑 ★★☆☆☆
🍴 식도락 ★★★★★

트렌드세터의 집결지 텅러와 에까마이 골목 곳곳 트렌드를 이끄는 레스토랑과 카페가 가득하다.

🔎 **이런 분들에게 잘 어울려요!**

트렌드세터라 자부하는 전 연령 여행자

혼자여도 제대로 된 끼니를 갈구하는 고독한 미식가

SNS와 블로그가 취미인 2030 여성 여행자

AREA 5 씨롬 SILOM · 싸톤 SATHON

📷 관광 ★★★★☆
🛍 쇼핑 ★★★★☆
🍴 식도락 ★★★☆☆

아시아티크의 길목 아시아티크로 가는 길목이자 방콕의 상업 지역. 높은 빌딩이 많아 전망 좋은 호텔 루프톱 바를 즐길 수 있다.

🔎 **이런 분들에게 잘 어울려요!**

방콕 초보 여행자

그저 바라만 봐도 좋은 허니문 커플

이브닝드레스를 입는 것만으로 행복한 2030 여자 또래 여행자

AREA 6 왕궁 주변 : 랏따나꼬씬 RATTANAKOSIN

📷 관광 ★★★★★
🛍 쇼핑 ★★★☆☆
🍴 식도락 ★★★☆☆

방콕 핵심 관광지 방콕 최고의 볼거리가 밀집한 지역. 현 태국 왕조인 짜끄리 왕조의 왕실 사원 왓 프라깨우가 핵심 볼거리다.

🔎 **이런 분들에게 잘 어울려요!**

방콕을 찾은 누구나

특히 방콕이 처음인 여행자

보는 게 남는 거라고 생각하는 볼거리 우선주의 여행자

AREA 7 카오산 로드 KHAOSAN ROAD

📷 관광 ★★★☆☆
🛍 쇼핑 ★★★★★
🍴 식도락 ★★★☆☆

핫 플레이스가 된 여행자 거리 배낭여행자 거리로 명성을 얻기 시작해 먹거리, 놀 거리, 살 거리가 밀집된 방콕의 핫 플레이스로 등극.

🔎 **이런 분들에게 잘 어울려요!**

방콕을 기점으로 태국과 세계 여행을 꿈꾸는 배낭여행자

일상 탈출을 꿈꾸는 청춘 여행자

여행 경비를 조금이라도 아끼고 싶은 알뜰 여행자

AREA 8 민주기념탑 주변 RATCHADAMNOEN ROAD · 두씻 DUSIT

📷 관광 ★★★★★
🛍 쇼핑 ★☆☆☆☆
🍴 식도락 ★★★☆☆

방콕의 숨은 볼거리 왓 랏차낫다람, 왓 쑤탓과 싸오칭차, 왓 싸껫 등의 볼거리가 자리한 곳. 왕궁 주변에 비해 한적하다.

🔎 **이런 분들에게 잘 어울려요!**

보는 게 남는 거라고 생각하는 볼거리 우선주의 여행자

역사 탐방에 관심이 많은 중·장년층

카오산 로드에 머무는 장기 여행자

AREA 9 ▶ 쌈쎈 SAMSEN · 테웻 THEWET

📷 관광 ★★☆☆☆
🛍 쇼핑 ★☆☆☆☆
🍴 식도락 ★★★☆☆

카오산과 이어진 여행자 거리 카오산과 연계해 여정을 꾸리기에 좋은 곳. 카오산보다 한적하고, 좀 더 저렴하다.

🔎 이런 분들에게 잘 어울려요!

방콕이 내 집처럼 편안한 태국 여행 마니아

소박하고 정적인 분위기를 즐기는 배낭여행자

현지화를 추구하는 호기심 많은 청년층

AREA 10 ▶ 차이나타운 CHINATOWN

📷 관광 ★★☆☆☆
🛍 쇼핑 ★★☆☆☆
🍴 식도락 ★★★★★

태국 속의 작은 중국 야시장이 문을 여는 저녁에 방문할 것. 해산물, 국수 등 저렴하고 맛있는 먹거리가 풍부하다.

🔎 이런 분들에게 잘 어울려요!

먹는 게 남는 거라는 믿음을 지닌 미식 여행가

현지화를 추구하는 호기심 많은 청년층

이국 속의 이국 풍경을 원하는 사진 마니아

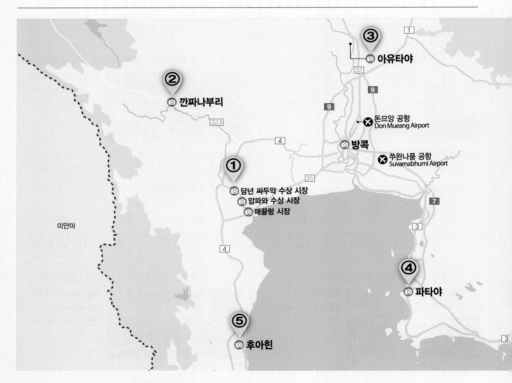

OUT OF BANGKOK

AREA 1-1 담년 싸두악 수상 시장
Damneon Saduak Floating Market

📷 관광 ★★★★☆
🛍 쇼핑 ★★☆☆☆
🍴 식도락 ★★★☆☆

방콕 근교 최대 수상 시장 방콕에서 서쪽으로 약 100km 떨어진 곳에 자리한 수상 시장으로, 1일 투어를 통해 즐겨 찾는 장소.

🔎 이런 분들에게 잘 어울려요!

이국적인 풍경을 원하는 사진 마니아

1일 투어가 편한 초보 여행자

오전을 허투루 보내기 싫은 부지런한 여행자

AREA 1-2 암파와 수상 시장
Amphawa Floating Market

📷 관광 ★★★☆☆
🛍 쇼핑 ★★☆☆☆
🍴 식도락 ★★★☆☆

현지인들에게 인기 만점 수상 시장 주말에만 열리는 수상 시장. 반딧불이 투어를 위해 대개 오후에 출발하는 1일 투어를 이용.

🔎 이런 분들에게 잘 어울려요!

자녀들과 떠나는 체험 여행

현지화를 추구하는 호기심 많은 청년층

1일 투어가 편한 초보 여행자

AREA 1-3 매끌렁 시장
Maeklong Railway Market

📷 관광 ★★★☆☆
🛍 쇼핑 ★☆☆☆☆
🍴 식도락 ★☆☆☆☆

선로에 형성된 위험한 시장 선로 위에 자리해 기차가 들어올 때마다 판매대를 걷었다 펼쳤다 하는 독특한 풍경을 연출하는 시장.

🔎 이런 분들에게 잘 어울려요!

짧아도 괜찮다, 인상적인 자극이 필요한 여행 생활자

엄마와 함께 떠나는 편안한 여행

1일 투어가 편한 초보 여행자

AREA 2 깐짜나부리 KANCHANABURI

📷 관광 ★★★★★
🛍 쇼핑 ★☆☆☆☆
🍴 식도락 ★★★★☆

콰이 강을 따라 콰이 강의 물줄기를 따라 에라완 폭포의 아름다움과 죽음의 철도로 대변되는 참혹한 전쟁사가 공존.

🔎 이런 분들에게 잘 어울려요!

영화 〈콰이 강의 다리〉를 기억하는 장년층

트레킹을 즐기는 활동적인 청년층

휴가 기간이 짧지만 방콕에만 머물기 싫은 직장인

AREA 3 아유타야 AYUTTHAYA

📷 관광 ★★★★★
🛍 쇼핑 ★☆☆☆☆
🍴 식도락 ★★☆☆☆

아유타야 왕국으로 떠나는 여행 태국에서 가장 번성했던 아유타야 왕국의 흔적을 엿볼 수 있는 유네스코 세계문화유산.

🔎 이런 분들에게 잘 어울려요!

역사 탐방에 관심 많은 전 연령 여행자

배낭여행의 낭만을 꿈꾸는 중고등학생

휴가 기간이 짧지만 방콕에만 머물기 싫은 직장인

AREA 4 파타야 PATTAYA

📷 관광 ★★★★★
🛍 쇼핑 ★★★★★
🍴 식도락 ★★★★★

태국 동부 해안 최고의 휴양지 방콕 인근의 해변 도시로 해변에서의 휴식은 물론 미식과 쇼핑, 나이트라이프를 위한 완벽한 장소.

🔎 이런 분들에게 잘 어울려요!

태국 여행이 처음인 호기심 어린 탐험 여행자

밤의 추억을 공유하고 싶은 남자끼리 여행자

밤낮으로 놀아도 체력이 남아도는 2030 남녀 여행자

AREA 5 후아힌 HUA HIN

📷 관광 ★★★☆☆
🛍 쇼핑 ★★★★☆
🍴 식도락 ★★★★★

왕실 휴양지로 개발된 고즈넉한 해변 도시 고즈넉한 해변과 풍성한 먹거리를 즐길 수 있는 휴식과 힐링을 위한 최적의 장소.

🔎 이런 분들에게 잘 어울려요!

호텔과 비치만 오가는 게으른 휴식을 원하는 3040 직장인

방콕 여행도, 해변의 낭만도 포기하기 싫은 신혼부부

파타야와 푸껫을 섭렵한 태국 여행 마니아

INTRO
무작정 따라하기 **방콕 여행 캘린더**

Jan	Feb	Mar	Apr	May	Jun

공휴일

1월 1일 완 큰삐마이
새해

3월 6일 완 마카부차
음력 1월 보름. 부처님
의 설법을 듣기 위해
1250명의 제자가 모
인 것을 기념하는 불
교 행사
※주류 판매 금지

4월 6일 완 짜끄리
짜끄리 왕조 기념일

4월 13~16일 완 쏭끄
란 태국의 전통적인
새해 행사

5월 1일 노동절

6월 3일 완 위싸카부
차 음력 4월 보름. 부
처님 오신 날
※주류 판매 금지

축제

4월 13~15일 쏭끄란

Songkran

과일

9~2월 귤

1월 파인애플

3~6월 망고

4~6월, 12~1월 파인애플

4~8월

5~9월

1~12월 파파야, 로즈애플, 바나나, 수박,

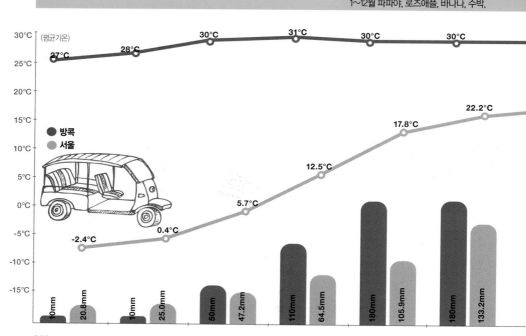

27°C	28°C	30°C	31°C	30°C	30°C

방콕
서울

-2.4°C
0.4°C
5.7°C
12.5°C
17.8°C
22.2°C

10mm
20.8mm
10mm
25.0mm
50mm
47.2mm
110mm
64.5mm
180mm
105.9mm
180mm
133.2mm

(평균기온)

태국의 공휴일은 불교 관련 행사가 대부분 차지하고 있다. 불교 기념일은 음력으로 쇠기 때문에 공휴일은 매년 바뀐다. 태국의 새해이자 가장 더운 시기에 열리는 쏭끄란은 매년 날짜가 같다.

Jul	Aug	Sep	Oct	Nov	Dec
7월 28일 라마 10세 국왕의 생일	8월 1일 완 아싼하부차 부처님의 첫 설법을 기념하는 불교 행사		10월 13일 라마 9세 애도의 날		12월 5일 라마 9세의 생일 & 아버지의 날
	8월 2일 완 카오판싸 스님들이 우기 동안 이뤄지는 석 달간의 안거에 들어가는 첫째 날 ※주류 판매 금지		10월 23일 완 삐야마 하랏 1910년 10월 23일에 서거한 쭐라롱껀 대왕 기념일		12월 10일 완 랏타땀마눈 제헌절
					12월 31일 완 씬삐 한 해의 마지막 날
	8월 12일 씨리낏 왕비의 생일 & 어머니의 날			11월 23일 러이끄라통 Loy Krathong	

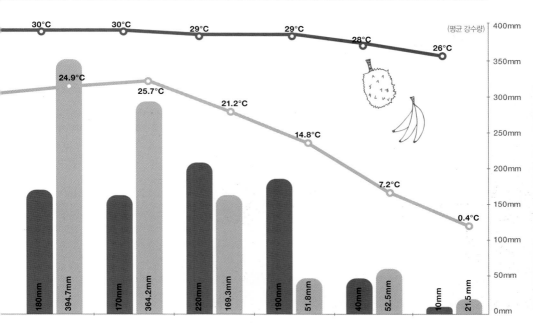

7~10월 롱꽁

9~2월 귤

8~11월 포멜로

12월 파인애플

망고스틴, 람부탄

코코넛, 구아바, 잭프루트, 드래건프루트

(평균 강수량)

30°C 30°C 29°C 29°C 28°C 26°C

400mm
350mm
300mm
250mm
200mm
150mm
100mm
50mm
0mm

24.9°C 25.7°C 21.2°C 14.8°C 7.2°C 0.4°C

180mm 394.7mm 170mm 364.2mm 220mm 169.3mm 190mm 51.8mm 40mm 52.5mm 10mm 21.5mm

STORY
무작정 따라하기 태국 이야기

태국의 역사 HISTORY

태국의 역사는 동남아시아의 다른 국가들에 비해 짧다면 짧다. 13세기 쑤코타이 왕조부터 본격적으로 역사가 시작되었으며 아유타야, 톤부리 왕조를 거쳐 현재의 짜끄리 왕조에 이른다. 쑤코타이와 아유타야, 방콕에는 역사의 흔적이 그대로 남아 있어 그곳을 여행하는 것만으로 태국의 과거와 현재를 엿보게 한다.

1. 태국 민족의 기원과 이주

중국 기원설, 인도네시아 기원설, 토착 민족 기원설 등 중 중국 기원설이 유력하다. 중국 기원설에 따르면 BC 2세기경부터 중국 남서부 윈난 지역의 타이족이 중국계 난차오국에 복속됐다. 타이족은 수 세기에 걸쳐 남쪽으로 이동, 현재의 태국 북부 및 라오스 북부, 미얀마 북동부에 걸쳐 소국가를 형성했다. 일부는 오늘날의 라오스가 됐고, 짜오프라야 강 유역에 정착한 또 다른 일부는 오늘날의 태국이 됐다.

13세기 몽골의 침입으로 난차오국이 멸망하자 타이족은 현재의 태국 지역으로 대거 이동하며 소국가를 형성했다. 중부 지역 쑤코타이 왕국, 치앙마이 지역 란나 왕국, 북서부 지역 파야오 왕국, 남부 해안 지역 롭부리 왕국이 그것이다. 14세기까지 현재 태국 영토의 대부분은 크메르의 영토였고, 타이족은 크메르에 조공을 바치며 거주했다.

쑤코타이 왓 시춤 사원에 모신 불상은 아름다운 손가락으로 유명하다.

2. 쑤코타이 시대(1238~1378년)

1238년 크메르 왕국의 북서부 거점인 쑤코타이를 정복해 건국한 왕조다. 쑤코타이 왕국은 13세기에 출현한 여러 소국가 중 가장 번성하며 태국 최초로 독립된 왕조의 기틀을 형성했다. 전성기는 람캄행(1277~1317) 왕 재위 당시. 원나라와 밀접한 관계를 유지하며 메남 강 중·하류 지대를 합치고 말레이 반도의 일부까지 영토를 확장했다. 람캄행 대왕은 재위 동안 태국 문자를 창제했으며, 스리랑카에서 남방불교를 도입했다. 쑤코타이 왕국은 람캄행 대왕 사후 세력이 쇠퇴해 1378년 아유타야 왕조에 의해 멸망한다.

아유타야 시대의 흔적이 남아 있는
아유타야

3. 아유타야 시대(1350~1767년)

쑤코타이 왕조가 쇠퇴할 무렵 아유타야를 수도로 하는 아유타야 왕조가 등장한다.
아유타야 왕조는 1347년 쑤코타이 등 주변 국가를 복속시켜 왕국의 기반을 조성했다.
뜨라이록(1448~1488) 왕 당시에는 왕위 계승 원칙을 확립하고, 행정 관료 체제를 정비했다.
통치 지역 또한 말레이 반도와 벵골 만까지 확대됐다. 이후 1511년 포르투갈과의 무역으로
총포를 수입해 말라카를 정복했다. 1516년에는 포르투갈, 1592년에는 네덜란드와 통상조약을
체결했다. 아유타야 왕국은 3년간의 전쟁 끝에 1569년부터 3년 동안 버마의 속국이
되기도 했으나 나레쑤언(1590~1605) 왕이 집권하며 버마군을 축출, 왕국을 재건했다.
나라이(1657~1688) 왕 당시에는 서양과의 접촉도 활발했다. 하지만 왕이 죽은 후 아유타야
왕국은 보수 귀족과 불교도의 주도로 쇄국 정책에 돌입한다. 1765년 아유타야의 내부 혼란을
틈타 침공한 버마군에 의해 1767년 아유타야 왕조는 멸망한다.

4. 톤부리 시대(1767~1782년)

아유타야 왕국의 장군이던 프라야 딱신은 짜오프라야 강 인근 톤부리 지역에 도읍을 정하고
버마군에 대항, 1768년 말까지 아유타야의 과거 영토를 회복한다. 1776년까지 딱신 장군은 타이
제국의 기반을 닦지만 반란을 일으킨 부하들에게 처형당하고 만다.

5. 짜끄리 시대(1782년~현재)

딱신 장군이 죽고, 딱신의 부하 장수인 짜끄리가 왕위에 올랐다. 그가 현 태국 왕조의 초대
왕 라마 1세(재위 1782~1809)로, 현재 방콕인 랏따나꼬씬에 도읍을 정하고 관제 및 지방
조직을 정비했다. 또 캄보디아의 바탐방 지역을 병합하고, 1785년 버마의 침공을 격퇴한다.
라마 2세(재위 1809~1824)는 어린 적자(정실이 낳은 아들)인 몽꿋을 보호하기 위해 서자 중

맏아들인 낭 끌라오(재위 1824~1851)에게 왕위를 물려준다. 이후 왕위에 오른 라마 4세(재위 1851~1868)는 1855년 태국과 외국이 맺은 최초의 조약이자 불평등 조약인 보링(Bowring) 조약을 영국과 체결한다. 조약 비준 당시 태국은 싸얌이라는 국호를 최초로 사용했다. 라마 4세는 이후에도 미국, 프랑스, 덴마크, 벨기에, 이탈리아, 스웨덴, 노르웨이, 오스트리아, 헝가리와 우호 통상조약을 체결하며 서양 문물을 받아들였다. 그는 영화 〈왕과 나〉의 실제 인물이기도 하다. 라마 5세(재위 1868~1910) 쭐라롱껀은 사회, 정치의 근대화와 왕권 강화에 두드러진 업적을 남겼다. 군대, 세제, 법 체제를 근대적으로 개편하고, 보통 학교를 설립해 초등 교육의 의무화를 시도했다. 방콕을 중심으로 동서남북으로 철도를 놓고 증기선을 도입한 것도 이때다. 라마 5세의 형제는 행정, 사법, 문학, 군대, 기술 등 다양한 분야의 수장으로 포진해 태국의 근대화를 이끌며 왕권을 강화했다. 라마 6세(재위 1910~1925) 와치라웃 당시 태국은 연합국 회원으로 제1차 세계대전에 소극적으로 참전한다. 이를 계기로 태국은 국제적 위상을 제고하고 불평등 조약을 타파하는 계기를 마련한다. 와치라웃은 민족주의를 확립하기 위해 군 조직을 개편하기도 했다. 라마 7세(재위 1925~1935) 쁘라차티뽁은 태국 최후의 절대군주다. 라마 7세는 정부 최고 기관인 국가최고위원회를 설치하고 재정난 등을 해결하기 위해 노력했다. 1930년대 초 세계공황 등 위기 상황에 대처하기 위해 총리에게 정부 운영권을 위임하는 정부 개혁안을 발표했다. 1932년 6월에는 쿠데타가 일어나 입헌군주제가 도입됐다. 라마 7세는 1935년 3월 공식 퇴위를 선언한다. 라마 8세(재위 1935~1946) 아난타마히돌은 라마 7세의 조카다. 그는 1945년 스위스에서 유학을 마치고 돌아왔지만, 6개월 후인 1946년 21세의 나이로 의문의 죽음을 당한다. 라마 9세(1946~2016) 푸미폰 아둔야뎃은 형이 사망하자 19세의 나이에 즉위, 2016년 숨을 거둘 때까지 70년 126일을 집권하며 세계 최장기 집권 원수이자 태국 역사상 최장기 군주로 남았다. 라마 9세는 국민에게 신적인 존경을 받는 동시에 어마어마한 부를 쌓기도 했다. 라마 9세가 2016년 10월 13일 서거하자 2016년 12월 1일 푸미폰의 유일한 아들인 마하와치라롱껀이 64세의 나이로 즉위했다. 짜끄리 왕조는 위대한 업적을 남긴 라마 1세, 라마 5세, 라마 9세를 대왕이라 칭한다.

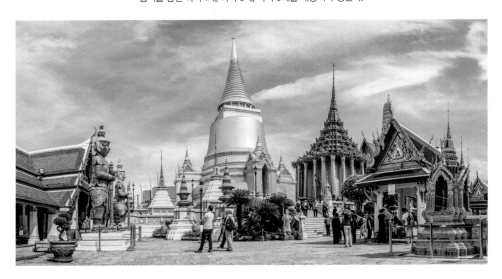

Krung Thep Aphiwat Central Terminal Station

방콕에서 태국 북부와 남부, 동북부 (이싼) 지역으로 기차 여행을 떠나려면 이제 끄룽텝 아피왓 중앙역으로 가야 한다. 2023년 1월 19일 쌍아이끌록행 야간열차를 시작으로 새로운 기차역의 시대가 열렸다. 역이 자리한 곳은 짜뚜짝 공원 인근의 방쓰 지역. 현재 14개의 북부 노선, 20개의 남부 노선, 18개의 동북부 노선 등 총 52개 장거리 노선의 급행열차가 끄룽텝 아피왓 중앙역에서 출발한다. 기존의 중앙역이었던 후알람퐁 역에서는 동부 노선의 일반·관광 열차를 운행한다.

끄룽텝 아피왓 중앙역은 24개의 플랫폼과 2개의 MRT 플랫폼을 갖춘 초대형 역이다. 역 내에는 푸드코트 등의 편의시설이 갖춰져 있으며, MRT 블루 라인 방쓰 역을 비롯해 SRT 레드 라인 방쓰 그랜드 역과 연결돼 있다.

Metro Art Project in Phahon Yothin

MRT 파혼요틴 역이 2023년 1월 25일부터 선보인 메트로 아트(Metro Art) 프로젝트를 통해 예술 공간으로 거듭났다. 메트로 아트 프로젝트는 MRT 역사 내에서 열리는 현대 미술과 고전 미술 전시회. 태국 내 유명 아티스트들이 돌아가며 참여해 2023년 내내 MRT 역사를 각종 예술 작품으로 채울 예정이다. 역사 내 전시 공간은 1,000㎡ 가량. 이동을 위해 존재했던 역은 역의 역할을 넘어 예술의 목적지가 됐고, 창의적인 랜드마크로 자리매김했다.

메트로 아트 프로젝트는 그저 보는 것으로 끝나지 않는다. 다양한 분야의 예술을 배울 수 있는 공간은 물론 갤러리 숍과 라이프 스타일 숍 또한 준비돼 있다. 매일 07:00~21:00, 무료 개방.

©Bangkok Express Way and Metro Public Company Limited(BEM)

SIGHT
SEEING

한국 사람들이 한국을 코리아라 부르지 않듯이 태국 사람들은 방콕을 방콕이라 하지 않는다. 그들은 천사의 도시라는 뜻의 끄룽텝이라는 이름으로 부른다. 도시 이름이 그렇듯 방콕에 다가서지 않는 이방인들에게 방콕은 방콕일 뿐이다. 방콕에 한 발 더 다가가 따뜻한 시선을 보낼 때 방콕은 천사의 도시, 끄룽텝의 면모를 보여준다.

034   **MANUAL 01**
인기 명소

050   **MANUAL 02**
사원

058   **MANUAL 03**
박물관

064   **MANUAL 04**
베스트 포토 스폿

072   **MANUAL 05**
세계문화유산

078   **MANUAL 06**
근교 여행

방콕의 핵심이자
필수 관광지 **BEST 3**

왓 프라깨우와 왓 포, 왓 아룬은 방콕을 대표하는 명소이자 태국을 대표하는 3대 사원이다.
왓 프라깨우와 왓 포는 현 짜끄리 왕조가 터를 잡은 랏따나꼬씬, 왓 아룬은 짜끄리 왕조의 전신인
톤부리 왕조의 수도 톤부리에 짜오프라야 강을 사이에 두고 서 있다. 세 곳의 사원을 방문하는
것만으로도 태국의 수백 년 과거가 눈에 그려진다.

BEST
1

태국 최고의 볼거리
왓 프라깨우와 왕궁
Wat Phra Kaew & Grand Palace

총 면적 21만8,400㎡로 1,900m 길이의 담장 내에 자리한다. 담장 안 최고의 볼거리는 왕실 사원인 왓 프라깨우. 태국에서 가장 신성한 에메랄드 불상을 모신 사원이다. 왕실 거주 공간으로는 두씻 마하 쁘라쌋, 프라 마하 몬티엔 등이 있다.

왕궁의 역사는 짜오프라야 강 서쪽의 톤부리에서 강 동쪽의 랏따나꼬씬으로 수도를 옮긴 1782년으로 거슬러 올라간다. 새로운 왕조인 짜끄리 왕조를 창시한 라마 1세는 버마의 공격에 효과적으로 대응하기 위해 강 건너 랏따나꼬씬 지역으로 수도를 옮기면서 중앙에 새로운 왕궁과 왕실 사원을 건설했다. 그 후 새로운 왕이 등극할 때마다 건물을 재건축하거나 보수·확장·신설해 현재에 이른다.

2권 ◎ **MAP** p.114F ◎ **INFO** p.120 ◎ **찾아가기** 싸남 루앙 건너편, 타 창(Tha Chang) 선착장에서 직진해 도보 5분, 카오산 로드에서 도보 15분 ◎ **주소** Na Phra Lan Road ◎ **시간** 08:30~15:30 ◎ **휴무** 연중무휴 ◎ **가격** 500B ◎ **홈페이지** www.royalgrandpalace.th

토크SAY

내가 본 곳은 왕궁인가
왓 프라깨우인가?

흔히 '왕궁에 간다'고 하지만 방콕 왕궁 여정의 핵심은 왕궁이 아닌 왓 프라깨우다. 경내로 들어서서 가장 먼저 만나는 건물 역시 왕실 사원인 왓 프라깨우와 그 부속 건물. 왓 프라깨우에 이어 왕궁으로 진입한 후에도 건물 외관 정도를 보는 것에 만족해야 한다. 엄밀하게 따지면 여행자들은 왕궁이 아닌 왓 프라깨우를 구경하는 셈. 현지인들에게 길을 물을 때도 '그랜드 팰리스'보다는 '왓 프라깨우'가 잘 통한다는 사실을 알아두자.

짜끄리 왕조 역사

짜끄리 왕조는 1782년부터 이어온 현 태국 왕조다. 라마 7세 때 입헌군주제가 도입됐지만
그 어느 나라보다 왕의 힘과 권력이 대단하다고 알려져 있다.

라마 1세 쭐랄록

짜끄리 왕조의 창시자. 현재
방콕인 랏따나꼬씬으로 수도
이전.

아들 17명
딸 25명

라마 2세 풋릇란팔라이

아들 38명, 딸 35명

라마 3세 쩨사다보딘

아들 22명, 딸 29명

재위 기간	1782~1809	1809~1824	1824~1851

라마 8세 아난따 마히돈

의회의 재가로 1935년 스위스에 머물던
9세에 왕위에 오름. 1945년 12월 태국으로
돌아오지만
6개월 후인
1946년 6월
침실에서 머리를
저격당해 사망.

자녀 없음

라마 7세 쁘라차티뽁

입헌군주제가 시작되기 전 마지막
군주. 1932년 혁명으로 태국
군주정치가
막을 내린다.
1941년 사망.

자녀 없음

라마 6세 와치라웃

딸 1명

1935~1946	1925~1935	1910~1925

라마 9세 푸미폰 아둔야뎃

형이 사망하자 즉위. 70년 126일간 집권하며
세계 최장기 집권 원수이자 태국 역사상
최장기 군주로 기록.
2008~2013년
〈포브스〉지에서
'세계 최고 부자
왕족'으로 선정.

아들 1명, 딸 3명

라마 10세 마하와치라롱껀

현재 태국의 국왕. 푸미폰의 유일한 아들로
64세의 나이로 즉위.

아들 7명, 딸 2명

1946~2016	2016~

라마 4세 몽꿋

1956년 영화 〈왕과 나〉의 실제
인물. 서구 열강의 압력이 있던
시기로 서양 문물을 포용.

아들 39명,
딸 43명

1851~1868 »

라마 5세 쭐라롱껀

사회, 정치 근대화와 왕권 강화.
프라삐아마하랏(대왕)으로 불리며
태국인의
존경을
받는다

아들 32명,
딸 44명

1868~1910 «

왓 프라깨우와 왕궁 무작정 따라가기

STEP 1 입구 통과

입구는 싸남 루앙 쪽 단 한 군데다.

✔ 입장하기 전에 물을 구입하자.
내부에 물을 판매하는 곳이 없다.

✔ 오전 8시 30분 오픈 시간에 맞춰
찾자. 그나마 가장 사람이 적으며,
가장 시원한 시간이다.

STEP 2 복장 검사

**복장 검사대에서 검사를 한다. 입장 시
드레스 코드가 엄격하다.**

✔ 긴바지 O, 긴치마 O, 소매 있는 셔츠
O, 반바지 X, 레깅스 X, 짧은 치마 X,
시스루 X, 민소매 티 X, 샌들 X,
플립플롭 X

✔ 적절하지 않은 복장을 입은 경우 보증금을 받고 긴치마인 싸롱이나 바지를
대여해주지만, 차례가 오기를 기다리며 시간을 허비해야 한다. 남들이 입었던
땀에 젖은 옷을 입는 것도 찝찝하다. 상황에 따라 대여소의 문을 닫는 것도
문제다. 이럴 때는 친절한 설명도 듣지 못하고 입구에서 쫓겨난다. 입장을
포기하지 않는 이상 옷 구매는 필수.

✔ 신발에 대한 규제는 약한 편이지만 대비 차원에서 양말을 준비하자.
샌들이나 플립플롭의 경우라도 양말을 신으면 입장 가능하다.

STEP 3 매표소

**외국인 입장료는 500B.
왓 프라깨우와 왕궁 외에 아트 오브 더
킹덤 뮤지엄, 콘 공연 등의 입장권이
포함돼 있다.**

✔ 살라 찰름끄룽 극장에서
월~금요일 13:00, 14:30, 16:00에
열리는 콘 공연이 무료다. 왕궁 내 위만 테웻 게이트 인근에서 공연 30분 전에
극장으로 가는 셔틀버스를 운행한다.

✔ 퀸 씨리낏 박물관은 싸남 루앙 쪽 입구 바로 오른쪽에 자리하지만 왕궁
입장권을 소지해야 입장 가능하다. 왓 프라깨우와 왕궁을 둘러본 후 방문하면
된다. 씨리낏 왕비가 실제 입었던 옷과 태국 전통 공연인 콘의 의상과 장식품
등이 주요 볼거리다. 09:00~16:30(마지막 입장 15:30)

STEP 4 오디오 가이드 대여

한국어는 지원되지 않으므로 선택 사항이다. 영어, 프랑스어, 독일어, 일본어,
만다린 중국어, 러시아어, 스페인어, 태국어를 지원한다. 2시간 기준, 대여료
200B과 여권 혹은 신용카드를 맡겨야 한다. 이용 시간은 08:30~14:00.

STEP 5 왓 프라깨우 입장

일석이조! 프리 패스 핵심 볼거리

퀸 씨리낏 박물관과 아트 오브 더 킹덤 뮤지엄은 왓 프라깨우와 왕궁 입장권을 소지하면 무료로 함께 구경할 수 있는 볼거리다. 퀸 씨리낏 박물관은 왓 프라깨우와 왕궁을 둘러본 후 바로, 아트 오브 더 킹덤 뮤지엄은 아유타야 일정과 함께하자.

프리 패스 1

퀸 씨리낏 박물관
Queen Sirikit Museum of Textiles

1870년 라마 5세 때 건립된 왕궁 경내의 건물을 활용해 2003년에 세운 박물관이다. 옛 건물을 보존하면서 동시에 대대적인 수리를 거친 박물관에는 전시실과 교육 시설 등이 마련돼 있다. 박물관 코스의 마지막인 뮤지엄 숍에는 패브릭으로 제작된 각종 액세서리, 의류, 소품 등을 판매한다.

◎ **찾아가기** 왕궁 경내. 싸남 루앙 쪽 입구 오른쪽
◈ **주소** Ratsadakhorn-bhibhathana Building, The Grand Palace ⏰ **시간** 09:00~16:30, 마지막 입장 15:30
⊖ **휴무** 월요일, 새해, 쏭끄란, 12월10일 제헌절 ฿ **가격** 150B ⊛ **홈페이지** www.qsmtthailand.org

프리 패스 2

살라 찰름끄룽
Sala Chalermkrung

1933년 영화극장으로 개장한 이래 태국의 예술과 문화를 책임지고 있는 왕실 극장이다. 2018년 유네스코 인류 무형문화유산 대표 목록에 등재된 콘을 공연한다. 콘은 라마끼안에 바탕을 둔 마스크 공연. 공연은 평일 하루 세 차례 25분간 열린다.

◎ **찾아가기** MRT 쌈욧 역에서 도보 2분. 왕궁에서 바로 갈 경우, 위만 테웻 게이트에서 셔틀버스 탑승, 공연 30분 전 출발
◈ **주소** 66 Charoen Krung Road ⏰ **시간** 09:00~18:00, 공연 월~금요일 13:00, 14:30, 16:00 ⊖ **휴무** 연중무휴 ฿ **가격** 왕궁 입장권 소지 시 무료
⊛ **홈페이지** www.salachalermkrung.com

프리 패스 3

아트 오브 더 킹덤 뮤지엄
Arts of the Kingdom Museum

로열 프로젝트 사업을 통해 만들어진 퀸 씨리낏 훈련소(Queen Sirikit Institute)는 서민층에게 교육의 기회를 제공해 소외된 지역의 지속 가능한 발전을 돕는 기관이다. 박물관에서는 훈련소에서 배출한 장인들이 탄생시킨 예술 작품을 전시하고 있다.

◎ **찾아가기** 아유타야에서 남쪽 방콕 방면으로 약 20km
◈ **주소** Ko Koet, Bang Pa-in, Phra Nakhon Si Ayutthaya
⏰ **시간** 10:00~15:30 ⊖ **휴무** 월~화요일, 새해, 쏭끄란
฿ **가격** 150B, 왕궁 입장권 소지 시 무료 ⊛ **홈페이지** www.artsofthekingdom.com

조심 또 조심! 왕궁 주변 사기 유형

왕궁이 문을 닫았다며 다른 관광지로 안내해주겠다고 한다.

왕궁은 365일 문을 연다. 점심시간에 문을 닫는 일도 절대 없다.

목적지가 어디든 일단 아주 멀다고 하며 뚝뚝 타기를 강요한다. 동시에 목적지를 포함해 일대 사원을 저렴한 가격으로 관광시켜주겠다고 한다.

친근한 영어로 접근하는 그들의 말에 솔깃해서는 절대로 안 될 일. 막상 뚝뚝을 타면 방콕에 보석 박람회가 열린다는 등 한국에서 비싼 가격에 되팔 수 있다는 등 물밑 작업을 펼치며 보석 가게로 안내한다. 방콕의 보석 사기는 주요 국가 대사관에서 태국 정부에 항의할 정도로 심각하다. 사기 당하지 않으려면 애초에 귀를 막고 무시하는 게 상책이다.

비둘기에게 먹이를 주라고 한다.

어떤 대꾸도 하지 않고 무시하는 게 좋다. 조금만 관심을 보여도 먹이를 강제로 손에 쥐여주며 비둘기 떼에게 뿌리고는 먹이 값을 내놓으라고 한다.

 클로즈UP 조각상을 찾아보자!

본당 주변 곳곳에서 특이한 모양의 조각상을 찾아보자. 라마야나와 라마끼안에 등장하는 신들이 왓 프라깨우 곳곳을 지키고 있다.

약 왓 프라깨우의 입구를 지키고, 프라 쑤완 쩨디를 받치고 있는 수호 도깨비. 얼굴색이 다양하다.

낀넌 라마끼안에 등장하는 반인반조(半人半鳥)의 신. 상반신은 사람이고, 하반신은 새다. 여성은 끼나리, 남성은 낑부룻이라고 한다. 프라쌋 프라 텝 비돈을 둘러싸고 다양한 모양과 이름으로 자리한다.

가루다 인간과 독수리의 모습을 한 신. 태국어로는 크룻.

나가 프라 몬돕의 계단에 자리. 머리가 5개인 뱀 모양의 신. 태국어로는 낙.

왓 프라깨우와 왕궁을 둘러보자!

왓 프라깨우 Wat Phra Kaew

왓 프라깨우는 라마 1세 때 세운 사원이다. 아유타야에 있는 왓 프라 씨싼펫과 마찬가지로 왕실 사원으로 지은 곳이라 승려가 살지 않는다. 정식 이름은 왓 프라 씨 랏따나 쌋싸다람(Wat Phra Si Rattana Satsadaram). '에메랄드 부처의 사원'이라는 뜻으로, 영어로는 에메랄드 사원(Emerald Temple)이라 한다.

본당 주변 Upper Deck

매표소를 통과해 정면에 보이는 건물이 왓 프라깨우의 본당이지만 입구는 반대편이다. 본당 입구 쪽으로 가기 위해서는 어쩔 수 없이 본당 왼쪽의 탑을 가장 먼저 보게 된다.

1. 프라 씨 랏따나 쩨디 Phra Sri Rattana Chedi
가장 앞에 있는 황금색 종 모양의 탑. 라마 4세 때 만들었으며 탑 내부에는 부처님의 가슴 뼈가 안치돼 있다고 한다.

2. 프라 몬돕 Phra Mondop
왕실 도서관. 사각 기단을 은으로 만들고 진주로 내부를 장식했다. 내부에 불교 서적을 보관하고 있는데, 일반에는 공개하지 않는다.

3. 프라쌋 프라 텝 비돈 Prasart Phra Thep Bidorn
왕실 신전. 짜끄리 왕조 역대 왕들의 실물 크기 동상을 보관한다. 짜끄리 왕조 기념일인 4월 6일에만 내부를 공개한다.

4. 프라 쑤완 쩨디 Phra Suwan Chedi
라마 1세가 부모에게 바치기 위해 건립했다. 현재의 탑은 라마 4세 당시 재건한 것으로 탑 하단은 도깨비 약과 원숭이 신 하누만이 받치고 있다.

부속 건물 Subsidiary Buildings

왓 프라깨우의 본당으로 가기 전에 프라 몬돕 뒤로 돌아가 몇 개의 건물을 추가로 볼 수 있다. 건물 내부는 공개하지 않는다.

5. 앙코르 왓 모형 The Model of Angkor Wat
19세기 말, 싸얌의 속국이었던 크메르 왕국의 앙코르 왓에 감동한 라마 4세가 세운 건축물.

6. 프라 위한 욧 Phra Vihan Yot
라마 4세 때 도자기를 이용해 만든 작은 불당. 쑤코타이 왕조의 람캄행 대왕이 사용하던 왕좌를 보관하고 있다.

7. 호 프라 몬티엔 탐 Ho Phra Montien Tham
프라 몬돕과 같은 왕실 도서관이다. 불교 관련 서적을 보관하고 있다.

8. 회랑 벽화 Cloister Gallery
힌두 신화인 라마야나를 태국식으로 변형한 라마끼안의 벽화. 라마 1세 때 최초로 그렸으며, 이후 여러 차례 보수를 거쳤다.

본당 The Chapel Royal of The Emerald Buddha

왓 프라깨우에서 가장 크고 화려한 본당은 부속 건물들을 감상한 후 가장 나중에 방문하게 된다. 본당에는 사원의 명칭이 유래된 프라깨우, 즉 에메랄드 불상을 모셨다. 매우 신성시되는 곳이므로 들어가기 전에 신발을 벗어야 하며, 앉아 있을 때도 발이 불상을 향하지 않도록 조심해야 한다. 사진 촬영도 금지다.

9. 프라 우보쏫 Phra Ubosot

본당 내에는 옥으로 만든 프라깨우를 모셨다. 휘황찬란한 대좌 위에 모신 불상의 크기는 불과 66cm, 작은 크기에도 고귀한 오라가 느껴진다.
프라깨우는 1434년 치앙라이에 있던 탑 속에서 발견된 후 람빵과 라오스 위앙짠(비엔티안)으로 옮겨진다. 1552년부터 226년간 라오스에 머물던 프라깨우는 짜끄리 왕조를 창시한 라마 1세가 위앙짠을 점령하며 전리품으로 방콕으로 반출됐다. 프라깨우는 황금으로 된 옷을 입고 있으며, 1년에 세 번 계절에 따라 옷을 갈아입는다. 3월 더위에는 아유타야의 왕들이 사용했던 왕관과 장신구를 착용하며, 7월 우기에는 에메랄드가 박힌 황금 승복을 입는다. 시원한 11월에는 황금으로 만든 숄로 불상을 완전히 감싼다. 승복을 갈아입히는 예식은 국왕이 직접 수행한다.

왕궁 Grand Palace

왓 프라깨우의 남서쪽 코너를 통해 사원을 벗어나면 정원과 거대한 건물들이 자리한 왕궁 경내로 들어서게 된다. 왕궁은 라마 8세까지 역대 왕들의 공식적인 거주 공간. 일반에게는 일부 건물만 공개한다. 현재 왕궁은 왕실 행사나 국가적인 행사 때만 사용한다. 태국어로 왕궁은 '프라 랏차 왕'이다.

10. 프라 마하 몬티엔
Phra Maha Montien

왓 프라깨우에서 왕궁으로 접어들어 가장 먼저 보게 되는 궁전이다. 접견실로 사용한 아마린 위니차이(Amarin Winitchai), 대관식을 위한 파이싸 딱신(Paisal Taksin), 라마 1세, 2세, 3세의 거주 공간이었던 짜끄라팟 피만(Chakrapat Phiman) 등 세 건물이 연속해서 하나의 건물을 이룬다.

11. 두씻 마하 쁘라쌋
Dusit Maha Prasat

왕궁 내에서 태국적인 색채가 가장 강한 건물이자 가장 오래된 건물이다. 9층의 건물 첨탑은 마치 국왕이 쓰는 왕관처럼 생겼다. 내부에는 라마 1세 즉위식 때 사용했던 왕좌가 남아 있다. 현재는 왕족이 사망하면 시체를 화장하기 전까지 방부 처리해 보관하는 곳으로 사용한다.

12. 짜끄리 마하 쁘라쌋
Chakri Maha Prasat

라마 5세인 쭐라롱껀 대왕이 짜끄리 왕조를 성립한 지 100년이 된 것을 기념하기 위해 만들었다. 전체적으로 유럽풍 건물이지만 지붕과 첨탑은 전형적인 태국 양식을 띤다. 두 동의 부속 건물이 있는 형태로 현재는 외국 귀빈을 위한 접견실 부분으로 사용한다.

13. 왓 프라깨우 박물관
Wat Phra Kaew Museum

두씻 마하 쁘라쌋 앞에 있는 건물로 왓 프라깨우에서 나온 유물을 보관·전시하고 있다. 중요 유물은 에메랄드 불상에 입히는 황금 옷과 1980년대 왓 프라깨우를 보수하면서 발견된 국왕 전용 코끼리의 뼈. 왕궁의 최초 모습과 현재 모습을 재현한 모형도 전시한다.

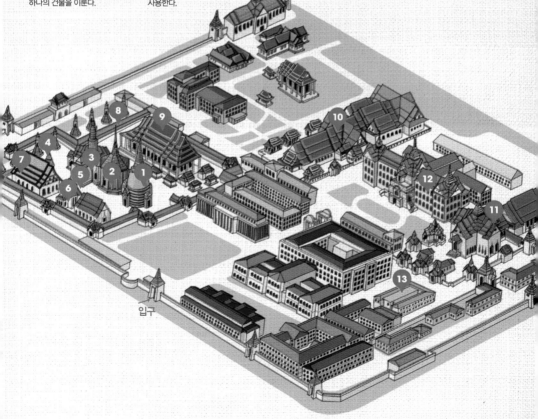

입구

BEST 2

태국에서
가장 큰 와불상을 모신 사원
왓 포 Wat Pho

방콕에서 가장 크고 오래된 사원. 방콕이 성립되기 전인 17세기 아유타야
시대에 세웠다. 라마 1세 때 왓 프라 쩨뚜폰(Wat Phra Chetuphon)이라
명명했지만 아유타야 당시의 왓 포타람(Wat Photaram)이라는 명칭이 이어져
현재까지도 왓 포라 불린다. 열반을 의미하는 와불상을 모시고 있어 열반
사원으로도 알려졌다.

왓 포는 라마 1세가 방콕을 수도로 정한 후 규모가 확장됐다. 규모가 커지면서
승려도 늘어나 500명의 승려와 750명의 수도승이 거주하는 대형 사원으로
변모했다.

왓 포의 입구는 두 곳이다. 하나는 왕궁 남쪽에 있는 쏘이 타이 왕(Soi Thai
Wang), 다른 하나는 쩨뚜폰 로드(Chetuphon Road)에 있다. 쏘이 타이 왕
입구를 이용하면 와불상, 쩨뚜폰 로드 입구를 이용하면 본당을 먼저 보게 된다.

2권 ⊙ MAP p.114J ⓘ INFO p.122

ⓖ **찾아가기** 타 띠엔(Tha Tien) 선착장에서 170m
직진하면 쏘이 타이 왕 입구가 보인다. 왓 아룬(Wat
Arun) 선착장에서는 강을 건너는 보트인 르아 캄팍을
타고 타 띠엔 선착장으로 건너가야 한다. 왕궁에서
걸어간다면 왕궁 출입문에서 좌회전해 마하랏
로드(Maha Rat Road) 혹은 우회전해 싸남 차이
로드(Sanam Chai Road)를 따라가면 된다.

🏠 **주소** 2 Sanam Chai Road
🕐 **시간** 08:30~18:30
➖ **휴무** 연중무휴　💲 **가격** 200B
🌐 **홈페이지** www.watpho.com

클로즈 UP 왓 포에서 찾아보자

1. 약

'약'은 사원을 수호하는 도깨비. 과거 왓 포 도깨비는 왓 챙(왓 아룬) 도깨비와 가까운 사이였다고 한다. 형편이 좋지 않았던 왓 포의 도깨비는 짜오프라야 강을 건너가 왓 챙의 도깨비에게 돈을 꾼다. 돈을 갚기로 약속한 날이 다가왔지만 왓 포 도깨비에게서는 연락이 없었다. 왓 챙의 도깨비는 짜오프라야 강을 건너 왓 포 도깨비를 찾아갔지만, 돈을 갚을 수 없다는 말만 듣는다. 둘의 싸움은 이렇게 시작됐다. 몸집이 거대한 도깨비들의 싸움에 나무들은 짓밟히고 주변은 쑥대밭이 된다. 왓 프라깨우의 도깨비가 말려봤지만 소용이 없었다. 이에 보다 못한 시바 신은 둘을 돌로 만들어 왓 포와 왓 챙의 프라 우보쏫을 지키게 했다. 두 도깨비의 싸움으로 왓 포 일대 땅에는 아무것도 남지 않았다. 그때부터 이곳은 '조금도 남지 않다'는 뜻의 '띠엔'이라고 불렸다. 현재 왓 챙의 도깨비는 왓 아룬의 프라 우보쏫 앞을, 왓 포의 도깨비는 불교 경전을 보관하는 프라 몬돕(Phra Mondop) 앞을 지키고 있다.

2. 석상

왓 포 여기저기에 놓인 중국풍 석상은 또 하나의 재미. 장군과 서양인 석상은 왓 포 입장권에도 등장한다.

장군 무서운 눈으로 아래를 바라보고 있다. 갑옷을 입고 한 손에 무기를 들고 문을 지킨다.

서양인 서양인 복장을 하고 모자를 썼다. 중국에 유럽 문물을 소개한 마르코 폴로를 형상화한 석상으로, 총 네 쌍의 마르코 폴로가 있다.

정치인 웃는 얼굴. 한 손으로 길게 늘어진 수염을 만지작거리고 다른 한 손으로는 책을 들고 있다. 그리고 끝이 살짝 접힌 모자를 쓰고 있다.

수도승 온화한 표정에 긴 망토를 걸치고 염주를 목에 찼다.

철학자 수염이 없어 어려 보인다. 한 손에 펜이나 책을 들고 있다.

시민 밀짚모자를 쓰고 한 손에 그물이나 괭이를 들고 있다.

왓 포를 둘러보자!

1. 프라풋 싸이얏 Phra Vihara of the Reclining Buddha

사원의 북서쪽에 위치. 와불상을 모신 불당이다. 불당의 크기는 길이 60.75m, 높이 22.60m. 라마 3세 때인 1832년에 지었다. 불당 안에는 길이 46m, 높이 15m의 태국 최대 크기의 와불상이 누워 있다. 와불상은 황금으로 칠해져 있으며, 열반에 든 자세를 취한다. 와불상에 맞춰 불당을 만든 탓에 와불상을 한눈에 담기는 힘들다. 그래도 발바닥 쪽에서는 와불상의 전체적인 모습이 한눈에 들어온다. 발바닥에는 자개를 이용해 삼라만상을 그려놓았다. 와불상 외에 벽화도 볼거리다. 설법하는 부처님과 신도들, 도리천 등 불교 관련 그림과 더불어 고대 무기, 별자리 등 주제가 다양하다.

2. 프라 마하 쩨디 씨 랏차깐 Phra Maha Chedi Si Rajakarn

사원 서쪽에 자리한 네 기의 거대한 탑. 높이 42m로 화려한 모자이크 타일과 톱니바퀴 모양으로 장식했다. 녹색 탑은 라마 1세, 흰색 탑은 라마 2세, 노란색 탑은 라마 3세, 파란색 탑은 라마 4세를 상징한다. 라마 3세가 아버지를 위해 헌정한 흰색 탑을 제외하고 탑은 각 시대에 만들었다. 라마 4세 때 네 기의 탑을 두르는 담을 세워 이후 이곳에는 새로운 탑이 들어설 수 없었다. 참고로 왓 포에는 크기는 다르지만 비슷한 모양의 탑이 곳곳에 자리한다.

3. 프라 우보쏫 Phra Ubosot

동쪽에 자리한 왓 포의 본당. 라마 1세 때 건축하고 라마 3세 때 규모를 확장했다. 본당의 창틀은 단단한 나무에 반짝이는 자개를 박아 우아하게 장식했다. 본당 내부에는 두 손을 모으고 결가부좌를 튼 불상을 모셨다. 불상 자체는 단아하지만 3단으로 이뤄진 받침대가 아주 화려하다. 내부에는 불교의 세계를 표현한 다양한 벽화, 외부에는 라마끼안을 묘사한 벽화가 있다.

4. 프라 라비양 Phra Rabieng

프라 우보쏫을 둘러싼 회랑. 네 방향의 회랑에 라마 1세 당시 북부에서 가져온 400여 기의 불상이 안치돼 있다. 불상들은 현대에 와 금박을 입혔다.

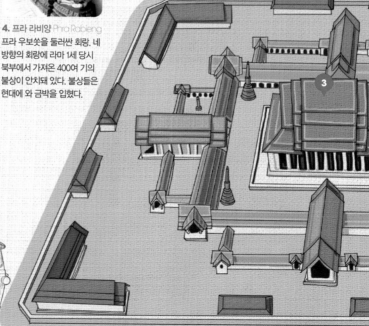

토크SAY
번뇌여 사라져라

와불상은 앞쪽 머리에서 시작해 발바닥 부분을
돌아 뒤쪽까지 순서대로 구경하게 돼 있다.
발바닥을 감상한 후 와불상 뒤쪽으로 향하면
동전이 가득 담긴 그릇이 눈에 띈다. '기부금
20B'이라고 적혀 있는 동전 그릇에는 1B짜리
동전이 100개도 넘게 들어 있다. 20B을 내면
100B을 주다니. 웬 떡인가 싶겠지만 사실
동전은 파는 게 아니다. 와불상 뒤편에 놓인
108개의 그릇에 동전을 하나하나 담으며

번뇌를 없애라는 것. 소원을 빌거나 재미 삼아 해보는 것도 나쁘지 않다. 다만 동전을 넣는 데 집중하는 사람들을 상대로
소매치기가 비일비재하다니 주의, 또 주의할 일이다.

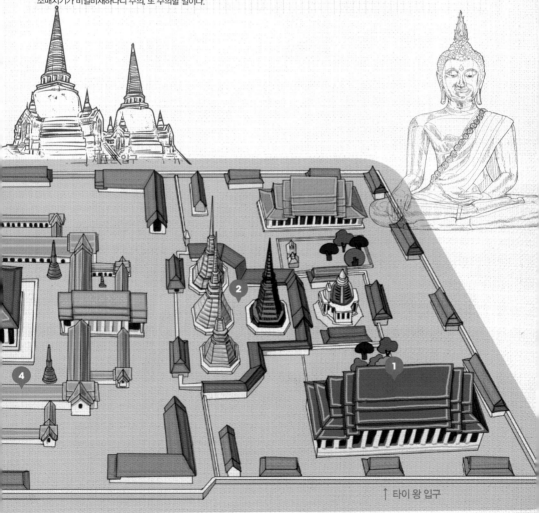

지도존입구

4

2

1

↑ 타이 왕 입구

BEST

3

짜오 프라야 강 너머 그린
방콕의 스카이라인

왓 아룬
Wat Arun

왓은 사원, 아룬은 새벽이라는 뜻으로 이름 그대로 새벽 사원이다. 사원은 아유타야 시대에 지었지만 정확한 조성 연대는 알 수 없다. 사원의 원래 이름은 왓 마꺽이다. 톤부리 왕조를 세운 딱신 왕은 버마와의 싸움에서 승리한 후 동틀 무렵에 왓 마꺽에 도착했다고 한다. 그런 연유로 왓 마꺽은 날이 밝아 오는 사원이라는 의미로 왓 챙(Wat Chaeng)이라 불리게 됐다. 이후 에메랄드 부처를 모신 왕실 사원 왓 프라깨우의 역할을 잠시 맡았다가 현재는 왓 아룬 혹은 왓 챙이라 불린다.

2권 ⊙ **MAP** p.114l ⊚ **INFO** p.122 ⊚ **찾아가기** 짜오프라야 익스프레스가 왓 아룬 선착장에 선다. 타 띠엔 선착장에서는 르아 캄팍을 타고 왓 아룬 선착장으로 건너면 된다.
⊛ **주소** 158 Wang Doem Road ⊙ **시간** 08:30~17:30
⊖ **휴무** 연중무휴 ⊛ **가격** 100B ⊛ **홈페이지** www.watarun.org

토크SAY

 톤부리 왕조

버마(미얀마)를 물리친 딱신이 짜오프라야 강 서쪽의 톤부리 지역에 수도를 정하고 세운 나라로 현재 왓 아룬이 자리한 지역이 톤부리다. 불행하게도 왕조가 존재한 기간은 1767년부터 1782년까지 고작 15년. 딱신을 폐위하고 새롭게 들어선 짜끄리 왕조는 짜오프라야 강 동쪽의 랏따나꼬씬으로 수도를 옮긴다.

클로즈 UP **왓 아룬 방문 꿀팁**

오전에 방문하기
새벽 사원이라는 이름 탓일까. 제대로 된 왓 아룬을 감상하려면 아침부터 서두르는 게 현명하다. 오후에는 왓 아룬의 프라 쁘랑 뒤로 해가 넘어가 역광이 들기 때문. 예쁜 사진을 찍고 싶다면 반드시 오전에 방문하자.

특별한 기념사진 남기기
태국 전통 의상을 입고 사진을 찍자. 왓 아룬 입구 근처에 태국 전통 의상을 빌려주는 곳이 자리한다. 가격은 300B.

왓 아룬 무작정 따라가기

STEP 1 타 띠엔 선착장의 'Cross the River' 안내판을 따른다. 짜오프라야 익스프레스와 다른 선착장이니 주의할 것!

STEP 2 5B을 내고 회전문 통과

STEP 3 보트 탑승 후 강 건너 하차

민주기념탑 주변

왓 랏 차 낫 다 람

미로 사원의 꼭대기에 올라

민주기념탑 인근 라마 3세 공원 바로 뒤편에 자리한다. 라마 3세 때 지은 사원으로, 불상을 모신 불당과 스님들이 거주하는 공간이 사원 경내를 이루고 있다. 가장 인상적인 건물은 로하 쁘라쌋(Loha Prasat). 철의 신전으로도 불리는 첨탑이다. 첨탑은 해탈에 이르기 위한 37개의 선행을 의미해 모두 37개로 구성된다. 내부의 길은 미로처럼 이어진다. 미로를 잇는 작은 방에는 불상, 로하 쁘라쌋의 모형 등이 놓여 있다. 36m 높이로 솟은 가운데 탑의 꼭대기까지는 계단을 통해 오를 수 있다. 인근 풍경이 막힘 없이 펼쳐지는 보석 같은 공간이다.

2권 ⊙ **MAP** p.139C·D Ⓘ **INFO** p.142 ⊙ **찾아가기** 랏차담넌 로드 민주기념탑에서 시내 방면으로 350m, 도보 5분 ⊙ **주소** 2 Maha Chai Road ⊙ **시간** 08:00~17:00 ⊖ **휴무** 연중무휴 ⊛ **가격** 20B

민주기념탑 주변

왓 싸껫

방콕을 조망하는 언덕 위 사원

Wat Saket

90m 높이의 인공 언덕인 푸카오텅에 자리한 사원이다. 언덕 꼭대기에 황금빛 쩨디가 있어 황금산(Golden Mount)으로도 불린다. 쩨디는 라마 3세 때 세웠지만 무게를 견디지 못하고 무너져 라마 4세 때 다시 만들었다. 그 후 라마 5세 때 인도에서 가져온 불교 유물을 쩨디에 보관하며 지금의 모습을 갖췄다. 사원에 가려면 344개의 계단을 올라야 한다. 조금 힘들지만 언덕 위에서 보는 풍경은 힘든 시간을 보상한다. 사원에 매달아놓은 풍경들이 바람에 흔들려 경쾌하게 울리면 마음까지 맑아지는 듯한 기분이 든다.

2권 ◉ MAP p.139D · H ⊕ INFO p.143
◎ 찾아가기 랏차담넌 로드 민주기념탑에서 시내 방면으로 가다가 판파 다리를 건넌다. 700m, 도보 9분
◉ 주소 344 Chakkraphatdi Phong Road ⏱ 시간 07:00~17:30 ⊖ 휴무 연중무휴 ⑧ 가격 100B

Wat Mahathat

왕궁 주변

왓 마하탓

거대한 불당에 거대한 불상000을 모신 사원

아유타야 시대에 만든 사원으로, 본래 이름은 왓 쌀락이다. 짜끄리 왕조의 라마 1세 때부터 라마 5세 때까지 규모를 확장했으며 이름도 왓 마하탓으로 바꿨다. 불당인 우보쏫은 1000명이 한꺼번에 들어갈 정도로 크다. 불당의 규모에 걸맞게 불상 또한 매우 크다. 우보쏫 옆으로는 흰색 탑인 쁘랑이 서 있다. 무성한 초록과 대비를 이루는 탑이 화사하다. 경내의 내부 회랑을 따라 대형 불상이 이어지며, 우보쏫 주변에는 승려들의 거주 공간이 있다.

2권 ◉ MAP p.114B ⊕ INFO p.120 ◎ 찾아가기 탐마쌋 대학교와 왕궁 사이, 타 창에서 마하랏 로드를 따라 우회전, 500m, 도보 7분 ◉ 주소 3 Maha Rat Road ⏱ 시간 09:00~17:00 ⊖ 휴무 연중무휴 ⑧ 가격 무료입장

Wat Benchamabophit

MANUAL 02 쇼핑

두씻 주변
대리석 사원

왓 벤 짜 마 보 핏

라마 5세가 두씻 지역에 궁전을 건설하며 함께 만든 사원이다. 건물의 주재료가 대리석이라 대리석 사원(Marble Temple)으로도 불린다. 이탈리아에서 수입한 대리석을 사용한 것 외에 사원 내부 창을 스테인드글라스로 꾸미는 등 유럽의 건축양식을 혼합했다. 사면으로 이뤄진 4층 지붕이 완벽한 대칭과 조화를 이루는 우보쏫은 태국 예술의 정수로 평가된다. 우보쏫 입구에 자리한 사자 모양의 조각상 씽도 정교하고 매력적이다. 내부에는 금동 불상인 프라 부다 친나랏을 그대로 모사한 불상을 모셨으며, 불상 아래에는 라마 4세의 유골을 안치했다.

2권 ⊙ **MAP** p.145B ⓑ **INFO** p.145
ⓖ **찾아가기** 라마 5세 기념상을 등지고 나와 좌회전해 시내 방면으로 500m, 도보 6분 ⊙ **주소** 69 Nakhon Phathom
① **시간** 08:00~17:00 ⊖ **휴무** 연중무휴 ⓑ **가격** 20B

차이나타운 주변
거대한 황금 불상을 만나다

왓 뜨라이밋

Wat Traimit

세계에서 가장 큰 황금 불상을 모신 사원이다. 4층에 자리한 불상은 쑤코타이 양식의 온화한 이미지로 높이는 3.98m, 무릎과 무릎 사이 길이는 3.13m, 무게는 5.5톤에 달한다. 황금 불상은 1955년 5월 25일 우연한 기회에 모습을 드러냈다. 황금 불상에 회반죽을 입혀놓은 불상인 루앙 포 왓 프라야 끄라이를 옮기던 중 깨지는 사고가 발생한 것. 당시 사진과 깨진 회반죽 조각 등은 3층 박물관에서 전시한다. 2층은 야오와랏 차이나타운 헤리티지 센터로, 왓 뜨라이밋 인근에 자리한 차이나타운이 궁금하다면 방문할 가치가 있다.

2권 ⊙ **MAP** p.155H ⓑ **INFO** p.158 ⓖ **찾아가기** MRT 후알람퐁 역 1번 출구에서 차이나타운 방면으로 가다가 첫 번째 교차로에서 좌회전, 총 500m, 도보 6분 ⊙ **주소** 661 Charoen Krung Road ① **시간** 09:00~17:00 ⊖ **휴무** 연중무휴
ⓑ **가격** 4층(불상) 40B, 2~3층(박물관) 통합 100B

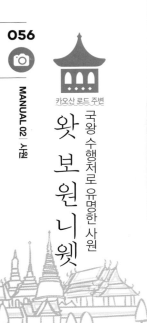

카오산 로드 주변

왓 보원니웻

국왕 수행처로 유명한 사원

카오산 일대에서 가장 규모가 큰 사원. 건축적인 특징보다 국왕들의 수행처로 유명하다. 왓 보원니웻에서 수행한 최초의 국왕은 라마 4세. 라마 6세, 7세, 9세 또한 이곳에서 출가 의식을 치르고 수도 생활을 했다. 사원에 있는 2개의 위한은 일반에게 개방되지 않는다. 대신 높다란 기둥이 있는 우보쏫에는 들어갈 수 있다. 우보쏫 내에는 1257년 크메르로부터 독립한 것을 기념해 만든 쑤코타이 양식의 불상이 안치돼 있다. 우보쏫 뒤쪽에는 황금색의 쩨디가 자리한다.

2권 ⊙ **MAP** p.129H ⓘ **INFO** p.132 ⊙ **찾아가기** 차나 쏭크람 경찰서에서 카오산 거리 끝까지 간 후 따나오 로드(Tanao Road)로 좌회전해 약 200m 더 걸으면 교차로 인근에 사원이 보인다. 차나 쏭크람 경찰서에서 500m, 도보 7분. ⊙ **주소** 248 Phra Sumen Road ⊙ **시간** 08:00~17:00 ⊙ **휴무** 연중무휴 ⊙ **가격** 무료입장 ⊙ **홈페이지** www.watbowon.com

카오산 로드 주변

왓 인타라위한

빅 부다 사원

높이 32m의 대형 불상을 모시고 있어 '빅 부다' 사원으로 불린다. 24K금을 사용한 대형 불상은 라마 4세 때인 1867년에 건설하기 시작해 60년에 걸쳐 완성됐다. 불상의 머리 부분에는 스리랑카에서 가져온 부처의 사리를 모셨다. 실제 불상의 크기가 워낙 거대해 공양을 드리는 이들은 발만 바라보며 절을 올리게 된다. 운이 좋다면 불상 뒤쪽 계단을 통해 불상의 머리 부분까지 오를 수 있다.

2권 ⊙ **MAP** p.148D ⓘ **INFO** p.150 ⊙ **찾아가기** 택시 승차 후 쌈쎈 쏘이 10에 하차해 골목 안쪽으로 진입 ⊙ **주소** 114 Wisut Kasat Road ⊙ **시간** 08:30~20:00 ⊙ **휴무** 연중무휴 ⊙ **가격** 40B

방콕의 이색 사원

방콕에 태국 사원만 있는 건 아니다. 중국이나 인도 이민자를 위한 사원과 힌두 신을 모신 작은 사당도 많다. 중요한 볼거리는 아니지만 다양한 종교적인 모습을 엿보기에 손색이 없다.

기도발이 좋기로 소문난 사당
에라완 사당
Erawan Shrine

힌두교 브라마 신을 위한 사당. 브라마가 타고 다니는 신성한 동물인 에라완이 사당 중심에 모셔져 있다. 사당은 바로 옆에 자리한 그랜드 하얏트 에라완 호텔과 밀접한 관련이 있다. 1953년 호텔을 건설하며 발생한 인명 피해가 영혼의 흐름을 방해하는 호텔의 위치 때문이라고 생각한 것. 힌두 브라만교 성직자의 권고에 따라 사당을 지은 이후 호텔은 아무런 사고 없이 완공됐다. 에라완 사당은 기도 효과가 좋기로 소문나 향과 초, 꽃을 들고 찾아오는 이들로 늘 인산인해를 이룬다. 한쪽에 마련된 무대에서는 태국 전통 공연이 수시로 펼쳐진다.

2권 ⊙MAP p.054C ⓘINFO p.056
⊙ 찾아가기 BTS 칫롬 역 8번 출구에서 도보 1분
⊙ 주소 494 Ratchadamri Road ⊙ 시간 06:00~24:00
⊝ 휴무 연중무휴 ⓑ 가격 무료입장

방콕의 리틀 인디아
씨 마하 마리암만 사원
Sri Maha Mariamman Temple

우마 데위 사원 혹은 태국식으로 왓 캐익이라 불린다. 방콕에 거주하는 남인도 출신의 상인과 노동자를 위해 1876년 힌두 브라만교 사원으로 건설됐다. 사원 내부에는 시바 신을 상징하는 링가를 모신 작은 사당이 자리하며, 중앙 성소에는 사원의 주인인 우마 데위를 모셨다. 우마 데위 주변은 가루다, 크리슈나, 비슈누 같은 유명 힌두 신들이 호위하고 있다. 신도 대부분이 인도인이라 사원 주변에 인도 음식점과 시장 등 인도인을 위한 거리가 형성돼 있다.

2권 ⊙MAP p.096F ⓘINFO p.106
⊙ 찾아가기 BTS 쑤라싹 역 3번 출구에서 뒤돌아 첫 번째 도로에서 좌회전해 씨롬 로드가 나오면 좌회전, 총 750m, 도보 9분
⊙ 주소 2 Pan Road ⊙ 시간 월~목요일 06:00~20:00, 금요일 06:00~21:00, 토~일요일 06:00~20:30 ⊝ 휴무 연중무휴
ⓑ 가격 무료입장

차이나타운의 중국 불교 사원
왓 망꼰 까말라왓
Wat Mangkon Kamalawat

태국의 소승불교 사원과 전혀 다른 중국의 대승불교 사원. 1871년에 건설됐다. 한자로 용연사(龍蓮寺)이며 왓 렝니이라고도 불린다. 중국 이민자들의 신앙심을 담은 중국적인 색채의 사원으로, 차이나타운에 있는 중국 사원 중에서도 가장 많은 이들이 찾는다. 기와지붕을 휘감은 용 조각과 한자로 쓰인 현판 등이 우리에게는 익숙하게 다가온다.

2권 ⊙MAP p.155C ⓘINFO p.158 ⊙ 찾아가기 차이나타운 중앙, 야오와랏 로드 로터스에서 망꼰 로드를 따라 300m, 도보 4분
⊙ 주소 423 Charoen Krung Road ⊙ 시간 06:00~18:00 ⊝ 휴무 연중무휴 ⓑ 가격 무료입장

박물관은 짧은 걸음을 옮기는 것만으로 과거와 현재를 넘나들게 하는 마법 같은 공간이다. 수백 년 혹은 수천 년 된 이야기를 품은 그곳에서 우리는 과거에서 현재의 시간을 넘나들며 옛이야기를 듣고 보고 느낄 수 있다. 너무나 태국적이어서 너무나 세계적인 방콕 박물관의 이야기에 귀를 기울여보자.

#전통 가옥
#실크
#태국 전통

서양인이 수집한 태국의 보물들
짐 톰슨 하우스
Jim Thompson House Museum

#수집품
#기념품
#가이드 투어

BTS 역과 박물관을 15분마다 연결하는 셔틀 뚝뚝을 운행한다.

짐 톰슨은 사라졌지만 그의 집은 클렁 쌘쌥 운하 변의 주택가에 남아 있다. 200년 이상 된 여섯 채의 티크목 건물이 푸른 정원 가운데 자리해 태국 고유의 아름다움을 느끼게 한다. 집 내부에는 짐 톰슨이 수집한 골동품과 도자기, 회화, 불상 등이 가득하다. 박물관을 방불케 하는 수집품은 나컨 까쌤의 차이나타운이나 아유타야, 롭부리 등 지방을 돌아다니며 짐 톰슨이 직접 구입한 것들이다. 박물관은 소중한 수집품이 많아 개별적으로 돌아볼 수는 없고, 영어나 프랑스어, 일본어, 중국어, 태국어로 진행하는 가이드 투어를 통해 둘러봐야 한다. 가이드 투어 전에는 가방을 1층 로커에 보관해야 한다. 내부 촬영도 금지돼 있다. 박물관 외에 짐 톰슨 레스토랑과 짐 톰슨 타이 실크 매장이 자리한다.

2권 ⊙ **MAP** p.034A ⓑ **INFO** p.044
⊙ **찾아가기** BTS 내셔널 스타디움 역 1번 출구 계단을 내려와 뒤돌아 걷다가 까쌤싼
쏘이 2가 나오면 우회전해 골목 끝, 350m, 도보 2분 ⊙ **주소** 6 Soi Kasemsan 2, Rama 1
Road ⏲ **시간** 10:00~18:00 ⊖ **휴무** 연중무휴 ⑧ **가격** 200B
⊙ **홈페이지** www.jimthompsonhouse.org

토크SAY

짐 톰슨은 누구?

태국을 대표하는 실크 브랜드인 짐 톰슨 타이 실크(Jim Thompson Thai
Silk)의 창시자. 제2차 세계대전 당시 태국에 파견된 OSS 장교 짐 톰슨은 종전
후에도 본국으로 귀환하지 않고 방콕에 정착했다. 타이 실크에 주목한 그는
다양한 디자인의 옷과 소품을
만들어내며 '실크 왕'이라는
명성을 얻었지만, 1967년
말레이시아 카메룬 하이랜드
여행 중 실종된다. 엄청난
인원을 투입해 수색했지만,
그의 시신은 발견되지 않았다.

#조각
#왕궁 유물

#역사

#태국 최대 박물관
#태국 왕실

#불상

태국 역사를 한눈에

국립박물관
National Museum

태국에 있는 박물관 중 가장 크고 방대한 규모를 자랑한다. 라마 1세 때 지은 건물 자체도 볼거리. 라마 4세 때는 개인 박물관으로 사용하다가 라마 5세 때 왕궁 유물을 옮겨 와 전시했다. 지금처럼 사용된 건 라마 7세 때이며, 1967년과 1982년에 건물 수를 늘렸다. 박물관은 여러 개의 건물로 나뉘어 태국의 역사, 왕실 생활용품, 태국 역대 왕조의 미술품과 조각, 불상 등을 전시한다.

2권 ◉ **MAP** p.114B ⓘ **INFO** p.120
◎ **찾아가기** 싸남 루앙 북서쪽에 위치, 방콕 관광 안내소에서 싸남 루앙 방면으로 400m, 도보 5분 ◉ **주소** Na Phra That Road
🕐 **시간** 수~일요일 09:00~16:00(매표 마감 15:30)
⊖ **휴무** 월~화요일 ⓑ **가격** 200B
🌐 **홈페이지** www.virtualmuseum.finearts.go.th

눈여겨봐야 할 국립박물관 유물

1·2·5·3·4·7 갤러리 순서로 돌아보면 외부에 설치된 유물까지 꼼꼼하게 볼 수 있다.

갤러리 1

람캄행 대왕 비문. 쑤코타이 고유 문자로 쓰인 비문으로 쑤코타이 시대의 왕권, 정치, 사회제도, 종교, 생활사 등 다양한 모습을 담고 있다.

갤러리 2

프라 부다 씽. 쑤코타이 란나 예술의 정수를 보여주는 불상.

갤러리 306

미륵보살. 롭부리 유물.

갤러리 304

가네샤. 인간의 몸에 코끼리 머리를 한 인도 신. 동자바.

하리하라. 힌두교의 신인 하리(비슈누)와 하라(시바)의 합체상. 쑤코타이.

갤러리 406

화려한 장식의 장. 아유타야.

갤러리 405

걷는 자세의 불상. 쑤코타이.

갤러리 501

붓사복. 소형 왕좌 파빌리온. 방콕.

부처님 발자국. 쑤코타이.

갤러리 7

왕실 가마.

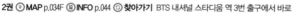

2권 ◎ **MAP** p.034F ⑧ **INFO** p.044 ◎ **찾아가기** BTS 내셔널 스타디움 역 3번 출구에서 바로
⊛ **주소** Bangkok Art and Culture Centre, 939 Rama 1 Road
🕐 **시간** 화~일요일 10:00~21:00 ⊖ **휴무** 월요일 ⑧ **가격** 무료입장 🏠 **홈페이지** en.bacc.or.th

#문화
#공연   #예술

#핫 플레이스
#카페   #디자인 숍
#갤러리
#레스토랑

태국 예술의 트렌드를 보다
방콕 아트 앤드 컬처 센터(BACC)
Bangkok Art and Culture Centre

예술과 문화의 향기로 가득한 공간. 국립 미술관, 퀸스 갤러리보다 젊은 층에 각광받는다. 건물 전체를 아트 앤드 컬처 센터로
사용하며, 각종 문화 공연과 예술 작품을 전시한다. 특별한 경우를 제외하고 무료 관람이 대다수이므로 가벼운 마음으로 들러 태국
예술의 트렌드를 엿보자. L층에는 라이브러리, 1~4층에는 신인 작가들의 작품을 자유롭게 전시하는 피플스 갤러리, 디자인 숍,
카페와 레스토랑, 5층에는 뮤지컬과 영화를 위한 오디토리움, 7~9층에는 메인 갤러리가 자리한다. 작품은 상설 전시하는 편이며,
자세한 일정은 홈페이지에서 확인 가능하다. 7~9층의 메인 갤러리에 입장하려면 A4 사이즈 이상의 가방은 로커에 맡겨야 한다.
로커는 여권을 제외한 신분증이나 100B를 맡기면 무료로 이용할 수 있다.

#왕족의 집　#춤봇 왕자

#전통 가옥　　　#배추 정원
#일반 개방

박물관이 된 태국 왕족의 집
쑤언 빡깟 박물관
Suan Pakkad Palace Museum

라마 5세 손자 춤봇 왕자와 그의 아내 판팁 왕비가 살던 집. 일반에
개방된 최초의 왕가 거주 공간이다. 태국 가옥과 정원의 아름다움에
더해 춤봇 왕자가 수집한 아기자기한 소장품을 감상할 수 있다.
모두 2층 건물로 1층보다는 2층에 볼거리가 많다. 쑤언 빡깟은 배추
정원이라는 뜻이다.

2권 ⊙ **MAP** p.047B ⊞ **INFO** p.046 ⊙ **찾아가기** BTS 파야타이 역 4번
출구에서 280m, 도보 3분 ⊛ **주소** 352-354 Sri Ayutthaya Road
🕒 **시간** 09:00~16:00 ⊝ **휴무** 연중무휴 ⊞ **가격** 100B
🖥 **홈페이지** www.suanpakkad.com

👤 **쑤언 빡깟 박물관 무작정 따라가기**

반드시 순서대로 구경할 필요는 없지만 동선을
따르면 편리하다.

`STEP 1` 매표소에서 **티켓 구입** 기념품과 팸플릿을
주며 구경하는 순서를 친절하게 알려준다. 박물관
외부는 사진 촬영이 가능하지만 내부는 찍을 수
없다.

⬇

`STEP 2` **로커에 짐 맡기기**

⬇

`STEP 3` **반 치앙 컬렉션(Ban Chiang Collection)**
태국 북부 반 치앙 마을에서 출토한 도자기와
청동으로 만든 무기, 도구, 보석 등을 전시한다.

⬇

`STEP 4` **마씨 갤러리(The Marsi Gallery)** 춤봇과
판팁의 유일한 딸의 이름을 딴 전시관. 그녀의
작품과 더불어 태국 작가들의 작품을 전시한다.

⬇

`STEP 5` **래커 파빌리온(Lacquer Pavilion)** 핵심
볼거리. 2층에 17세기 아유타야 시대에 만든 것으로
추정되는, 검은색과 금색 래커로 칠한 벽화가 있다.
벽화는 왕자의 50회 생일을 기념해 아유타야에서
쑤언 빡깟으로 옮겨 온 것. 왕자는 복원이 끝난
벽화를 보지 못하고 떠났지만, 태국에 주요
문화유산을 남겼다. 벽화의 내용은 부처의 삶과
힌두 신화 라마야나 등이다.

⬇

`STEP 6` **하우스 5(House 5)** 어류 화석 전시관

⬇

`STEP 7` **하우스 6(House 6)** 태국 전통 가면극
콘(Khon)에 사용하는 가면 전시관

⬇

`STEP 8` **하우스 7(House 7)** 중국 도자기 전시관

⬇

`STEP 9` **하우스 8(House 8)** 은공예품 전시관

⬇

`STEP 10` **하우스 1(House 1)** 춤봇 왕자의 음악실로,
그가 사용하던 악기를 전시한다.

⬇

`STEP 11` **하우스 2, 3(House 2, 3)** 태국, 크메르 등
동남아시아의 불상, 조각, 도자기, 그릇 등을 전시

⬇

`STEP 12` **하우스 4(House 4)** 지금도 종종 만찬을
위해 사용하는 공간. 개인 신전으로, 다양한 불상이
있다.

최고의 뷰 포인트를 찾아라!

휴대폰 카메라로도 최고의 사진을 남길 수 있는 방콕의 포토
포인트를 소개한다. 한국으로 돌아온 후에도 가끔 꺼내
보는 소중한 추억이 된다.

루프톱 바
Rooftop Bar
★★★★★　★★★★★　★★★★★

PHOTO POINT TIP

방콕 도심의 스카이라인을 한눈에 담을 수 있는 최적의
장소다. 전통적으로 유명한 루프톱 바는 시로코 &
스카이 바와 버티고 & 문 바. 킹 파워 마하나콘 · 레드
스카이 · 옥타브 · 파크 소사이어티 · 더 스피크이지 · 스리
식스티 역시 추천한다. 좋은 사진을 남기려면 이른
오후에 루프톱 바를 찾자. 해가 지기 전과 해 질 무렵,
해가 완전히 지고 난 후의 풍경을 모두 담을 수 있다.
추천 루프톱 바 정보는 MANUAL 18
나이트라이프(P.190)를 참고하자.

왓 아룬
Wat Arun

★★★★★　★★★★★　★★★★★

PHOTO POINT TIP

아름다운 왓 아룬의 모습을 온전히 담으려면 시간을 염두에 두어야 한다.
왓 아룬의 프라 쁘랑을 선명하게 찍을 수 있는 시간은 오전. 오후에는 역광이
들어 제대로 된 사진을 찍기 힘들다. 노을 진 하늘을 등진 프라 쁘랑이
실루엣을 드러내는 해거름과 프라 쁘랑이 조명을 받아 빛나는 저녁에는
강 건너편에서 사진을 찍으면 좋다.

☺ **찾아가기** 짜오프라야 익스프레스가 왓 아룬
선착장에 선다. 타 띠엔(Tha Tien) 선착장에서는
르아 캄팍 보트를 타고 강을 건너면 된다.

◉ **주소** 158 Wang Doem Road

왓 프라깨우
Wat Phra Kaew

 ★★★★★ ★★★★★ ★

PHOTO POINT TIP
매표소를 지나 왓 프라깨우로 들어서면 프라 씨 랏따나 쩨디와 프라 몬돕이 한눈에 보이는 지점이 나온다. 여기가 사진 포인트다. 황금빛 탑은 햇빛을 받아 반짝이고, 사원의 지붕들은 제각각 모양을 뽐내며 늘어서 있다. 어마어마한 인파를 사진에 담기 싫다면 문 열자마자 입장하는 게 현명하다.

ⓒ **찾아가기** 싸남 루앙 건너편, 카오산 로드에서 도보 15분, 타 창(Tha Chang) 선착장에서 도보 5분
◉ **주소** Na Phra Lan Road

왓 포
Wat Pho

★★★★★ ★★★★★ ★

PHOTO POINT TIP

와불상이 핵심이지만 한 프레임에 담기가 쉽지 않다. 발바닥 쪽에 앵글을
맞추면 와불상을 전체적으로 담을 수 있지만, 원근감이 왜곡돼 아쉽다.
부분적인 사진도 괜찮다면 불당 첫 번째 기둥과 두 번째 기둥 사이에서
와불상의 얼굴을 담자. 불상의 표정이 아주 온화하다.

☺ **찾아가기** 타 띠엔(Tha Tien) 선착장에서 170m 직진하면 쏘이 타이 왕 쪽 입구가
보인다. 왕궁 바로 옆에 위치. ◈ **주소** 2 Sanam Chai Road

야오와랏 로드
Yaowarat Road

★★★★★ ★★ ★★★★★

PHOTO POINT TIP

경쟁하듯 매달린 중국어 간판에서 이국 속의 이국이 주는 낯선 아름다움이
느껴진다. 분주한 상인들의 일상도 이방인에게는 특별한 사진을 남기게 하는
요소가 된다. 간판에 형형색색의 조명이 들어오고, 야시장 문을 여는 저녁이
사진을 찍기에 좋은 시간이다.

◎ **찾아가기** 랏차웡 선착장 혹은 MRT 후알람퐁 역에서 도보 7분
◉ **주소** Yaowarat Road

아시아티크
Asiatique

★★★★★ ★★★ ★★★★★

PHOTO POINT TIP

여행자들은 물론 방콕 사람들에게도 인기 절정인 핫 플레이스다. 실패할
확률이 적은 포토 스폿은 60m 높이의 대관람차와 강변의 아시아티크 간판.
부두 노동자 관련 조형물이나 짧은 구간을 누비는 트램 등 소소하게 건질
만한 사진 소재도 여럿 있다.

◎ **찾아가기** BTS 싸판딱신 역에서 싸톤 선착장으로
이동해 아시아티크 전용 보트 탑승 후 아시아티크 하차
◉ **주소** Asiatique The Riverfront, Charoen Krung Road

빡클렁 시장
Bangkok Flower Market

★★★★ ★★★★★ ★★★★★

PHOTO POINT TIP
발길을 내딛는 순간 꽃향기에 매료되는 방콕 최대의 꽃
도매시장이다. 장미, 백합, 난 등 다양한 꽃을 아주 저렴하게
판매하지만, 구매가 망설여지는 게 사실이다. 꽃향기 듬뿍 맡으며
꽃을 사진에 담자. 꽃만 가득 프레임에 담아도 흐뭇해진다.

ⓒ **찾아가기** 타 싸판 풋(Tha Memorial Bridge) 선착장에서 나와 좌회전,
엿피만 리버 워크(Yodpiman River Walk) 정문 맞은편, 260m, 도보 3분
🏠 **주소** Chakphet Road

싸오칭차
The Giant Swing

★★★★ ★★★★★ ★★

PHOTO POINT TIP
높이가 무려 21.15m나 되는 대형 그네다. 사용이 금지된 지금은
빨간색 그네 틀만 남았지만, 독특한 아름다움이 가득하다. 사진
찍기 좋은 시간은 낮. 밤에 그네 뒤로 켜지는 조명이 너무 밝아
야경 사진을 찍기에는 적절하지 않다.

ⓒ **찾아가기** 민주기념탑에서 방콕 시청 방면으로 550m, 도보 7분
🏠 **주소** Bamrung Muang Road

센트럴 앰버시
Central Embassy

★★★★　★★★★★　★★★★★

PHOTO POINT TIP

영국의 유명 건축가 어맨다 레베트(Amanda Levete)가 디자인한 건물이다. 건물 외부는 무광 철제의 둔탁함을 곡선 디자인으로 완화해 세련되게 꾸몄다. 사진 찍기 좋은 곳은 층과 층을 코일처럼 감아 올린 내부. 전체적으로 하얀 톤이라 우주선에 탑승한 듯한 느낌이다.

◎ **찾아가기** BTS 프런찟 역과 연결　◎ **주소** 1031 Phloenchit Road

카오산 로드
Khaosan Road

★★★★★　★★★★★　★★★★

PHOTO POINT TIP

수년 전, 거리를 정비한 후 많은 것이 변했지만 전 세계 여행자의 배낭에 실린 여행의 설렘만은 예나 지금이나 그대로다. 커다란 배낭을 멘 배낭여행자를 클로즈업해 사진에 담자. 풋풋한 여행의 설렘이 사진에 녹아든다.

◎ **찾아가기** 차나 쏭크람 경찰서 입구에서 카오산 거리가 시작된다.
◎ **주소** Khaosan Road

세계문화유산으로 남은
찬란했던 **태국의 왕조, 아유타야**

Ayutthaya

버마의 침략을 받기 전까지 417년간 태국에서 가장 번성했던 왕국이다. 1350년 우텅 왕이 아유타야를 세운 이후 33명의 왕을 배출하며 왕국을 이끌어갔다. 태국과 서양의 접촉이 처음 이뤄진 곳도 바로 아유타야에서다. 당시 아유타야는 '세계 무역의 중심지' 혹은 '황금의 도시'라 불릴 정도로 번성했지만, 침략과 파괴의 역사에 묻히고 말았다. 난공불락일 것 같았던 아유타야는 1767년 버마에 함락돼 지금은 유네스코 세계문화유산이라는 잔재로만 남았다.

아유타야 다니기

아유타야는 빠싹 강, 롭부리 강, 짜오프라야 강으로 둘러싸인 섬이다. 왓 프라 마하탓, 왓 프라 씨싼펫 등 주요 사원이 섬 안에 자리해 걸어서 둘러볼 수 있다. 다만 강 건너 왓 야이차이몽콘과 왓 차이왓타나람은 조금 멀다. 섬 안 유적은 자전거를 빌려 돌아보고 왓 야이차이몽콘과 왓 차이왓타나람에 갈 때는 오토바이 택시나 뚝뚝을 타자.

아유타야 추천 코스

1일 코스

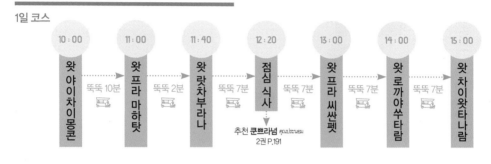

10:00	11:00	11:40	12:20	13:00	14:00	15:00
왓 야이차이몽콘	뚝뚝 10분 / 왓 프라 마하탓	뚝뚝 2분 / 왓 랏차부라나	뚝뚝 7분 / 점심 식사	뚝뚝 7분 / 왓 프라 씨싼펫	뚝뚝 7분 / 왓 로까야쑤타람	뚝뚝 7분 / 왓 차이왓타나람

추천 쿤쁘라님 ครัวประนอม
2권 P.191

반일 코스

10:00	11:00	11:40
왓 야이차이몽콘	뚝뚝 10분 / 왓 프라 마하탓	뚝뚝 6분 / 왓 프라 씨싼펫

1

왓 프라 씨싼펫

Wat Phra Si Sanphet

방콕 왕궁 내 에메랄드 사원과 비교될 만큼 중요한 사원이다. 아유타야 왕궁 내에 자리하며 아유타야에서 가장 큰 사원이었다고 한다. 입구에 들어서면 3개의 높다란 쩨디가 눈에 들어온다. 이곳이 왓 프라 씨싼펫이 있던 자리로 과거 170kg의 금을 입힌 16m 높이의 입불상이 있던 곳이다. 입불상은 1767년 버마인들이 불을 질러 녹아 없어졌다. 왓 프라 씨싼펫이 있던 왕궁은 아유타야의 첫 번째 왕부터 약 100년간 왕실의 거주 공간으로 사용됐다. 이후 1448년 보롬뜨라이록까낫 왕이 새로운 왕의 거주 공간을 만들면서 승려가 살지 않는 왕실 사원 역할을 하게 됐다.

2권 ⊕ INFO p.188

⊕ MAP p.184F

ⓖ **찾아가기** 아유타야 유적지 내
ⓐ **주소** Wat Phra Si Sanphet
ⓛ **시간** 08:00~18:00
⊖ **휴무** 연중무휴
ⓑ **가격** 50B
ⓢ **홈페이지** www.ayutthaya.go.th

2

왓 프라 마하탓

Wat Phra Maha That

14세기경에 세운 사원으로, 왓 프라 씨싼펫과 더불어 중요하게 여겨진다. 머리가 잘려나간 불상, 머리만 남은 불상 등이 사원 여기저기에 나뒹굴어 참혹한 과거를 말해준다. 특히 잘려나간 머리가 나무뿌리에 감긴 불상은 세월에 묻혀버린 과거를 대변하는 듯하다. 1956년 태국 정부가 아유타야의 파괴된 유적을 재건하기로 했을 때 예술부(Fine Arts Department)는 이곳에서 금불상 몇 점과 금, 루비, 크리스털로 만든 장식품이 들어 있는 상자를 발견했다. 이 유품들은 현재 방콕에 있는 국립박물관에 전시돼 있다.

2권 ⊕ INFO p.188

⊕ MAP p.185G

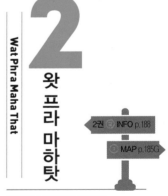

ⓖ **찾아가기** 아유타야 유적지 내
ⓐ **주소** Wat Phra Maha That
ⓛ **시간** 08:00~18:00
⊖ **휴무** 연중무휴
ⓑ **가격** 50B
ⓢ **홈페이지** www.ayutthaya.go.th

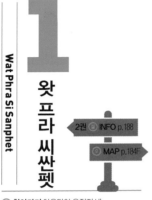

1424년 보롬 랏차티라티(Borom Ratchathirat) 2세가 왕권 쟁탈 중 사망한 그의 두 형제를 위해 지은 사원이다. 버마와의 전쟁에서 상당 부분 파괴됐으나 탑의 조각은 여전히 살아 있는 듯 정교하다. 1957년에 일어난 도굴로 사원에 묻혀 있던 보물과 불상의 상당 부분을 잃었다. 회수된 보물은 짜오 쌈 프라야 국립박물관에 전시돼 있다.

3

Wat Ratchaburana

왓 랏차부라나

2권 ⊕ INFO p.188

⊕ MAP p.185C

- ◎ **찾아가기** 아유타야 유적지 내
- ◉ **주소** Wat Ratchaburana
- ◷ **시간** 08:00~18:00 ⊖ **휴무** 연중무휴
- ⊕ **가격** 50B ◈ **홈페이지** www.ayutthaya.go.th

4

Wat Chaiwatthanaram

왓 차이왓타나람

2권 ⊕ INFO p.190

⊕ MAP p.184I

- ◎ **찾아가기** 짜오프라야 강 건너 3469번 도로 진입, 왓 프라 씨싼펫에서 4.1km, 뚝뚝으로 11분
- ◉ **주소** Wat Chaiwatthanaram
- ◷ **시간** 06:00~21:00
- ⊖ **휴무** 연중무휴 ⊕ **가격** 50B
- ◈ **홈페이지** www.ayutthaya.go.th

1630년에 쁘라쌋텅 왕이 그의 어머니를 위해 세운 사원으로, 앙코르 왓을 모델로 건축한 것이라고 한다. 사원 중앙에 35m 높이의 쁘랑이 자리하고, 사방에 8개의 작은 쁘랑이 있는 등 실제 모습이 앙코르 왓과 많이 닮았다. 작은 쁘랑 내부에는 벽화가 남아 있으며, 사원 내 거의 모든 불상의 머리가 잘려 있다.

5
Wat Yai Chai Mongkhon
왓 야 이 차 이 몽 콘

2권 ⓘ INFO p.190

ⓜ MAP p.185L

ⓖ **찾아가기** 방콕 방면 3477번 도로, 왓 프라
씨싼펫에서 5.9km, 뚝뚝으로 15분
ⓐ **주소** Wat Yai Chai Mongkhon
ⓣ **시간** 08:00~17:00
ⓧ **휴무** 연중무휴 ⓑ **가격** 20B
ⓗ **홈페이지** www.ayutthaya.go.th

1357년 우텅 왕이 스리랑카에서 유학하고 돌아온 승려들의 명상을 위해 세운 사원.
나레쑤언 왕이 버마와의 전쟁에서 승리한 후 1593년에 건설한 종 모양의 쩨디와 사원
입구 왼쪽에 자리한 7m 와불상이 인상적이다. 역사 공원 외곽의 유적지 중에서는
방문자가 가장 많다.

6
Wat Lokayasutharam
왓 로 까 야 쑤 타 람

2권 ⓘ INFO p.189

ⓜ MAP p.184F

ⓖ **찾아가기** 아유타야 유적지 내
ⓐ **주소** Wat Lokayasutharam
ⓣ **시간** 08:00~20:00
ⓧ **휴무** 연중무휴 ⓑ **가격** 무료입장
ⓗ **홈페이지** www.ayutthaya.go.th

왕궁 서쪽에 자리한 사원. 아유타야 후기에 건설한 여러 개의 쁘랑이 있다. 핵심
볼거리는 길이 42m, 높이 8m의 와불상인 프라부다 싸이얏. 남북으로 누워 있으며
얼굴은 서쪽을 향한다. 돌로 만든 와불상은 유적 보존을 위해 신도들이 금박을
탁발하는 것을 금지한다.

이곳도 놓치지 말자!

위한 프라 몽콘보핏
Vihara Phra Mongkhon Bophit

왓 프라 씨싼펫 옆에 자리한 사원. 프라 몽콘보핏을 모시고 있다. 1767년 버마 때문에 파괴되었는데, 1956년에 버마에서 기부금을 받아 원형대로 복구했다. 15세기에 만든 대형 청동 불상을 모시고 있는 곳으로 연인이 함께 사원에 들어가면 헤어진다는 속설이 있다.

쑤리요타이 쩨디
Phra Chedi Sri Suriyothai

아유타야 짜끄라빳 왕의 왕비 쑤리요타이는 태국에서 여자 영웅으로 칭송받는다. 1548년 버마가 침략했을 당시 왕을 보좌하기 위해 전쟁에 참여해 자신의 목숨을 버렸기 때문이다. 왕비가 죽은 이후 왕비를 위한 쩨디를 만들고 그녀의 유골을 안치했다고 한다.

왓 프라람
Wat Phra Ram

왕궁과 왓 프라 씨싼펫 인근의 호숫가에 자리한 사원. 습지 이름인 붕프라람에 연유해 왓 프라람이라고 불린다. 정확한 조성 연대와 이유는 알 수 없다. 라메쑤언 왕이 1369년에 건설을 명해 당시 혹은 그 이후에 세웠을 것으로 추정한다. 입장료 50B.

방빠인 별궁
Bang Pa-In Palace

17세기 중엽 아유타야 쁘라쌋텅 왕이 짜오프라야 강 위의 길이 400m, 폭 40m 섬에 세운 궁전. 여름 궁전이라고도 불린다. 입구에서 골프 카트를 대여하지만 도보로 돌아봐도 문제없다. 입장료 100B.

짜오 쌈 프라야 국립박물관
Chao Sam Phraya National Museum

TAT 맞은편 로짜나 로드(Rochana Road)에 자리했다. 2개의 전시관과 전통 태국 가옥으로 이뤄진 박물관에는 아유타야, 롭부리, 우텅, 쑤코타이, 드바라티 양식의 불상과 목조 조각 등이 전시돼 있다. 왓 마하탓과 왓 프라람에서 발굴된 유물도 볼만하다. 입장료 150B.

근교로 떠나는 휴양 여행
파타야 vs 후아힌

방콕 근교 휴양지,
어디로 가면 좋을까?

파타야	VS	후아힌

파타야

휴양
★★★★★
파타야 비치 혹은
리조트 즐기기

유흥
★★★★★
과장 섞어 파타야
전체가 유흥가

자연
★★★★☆
남쪽의 좀티엔, 북쪽의
나끌르아 해변

관광
★★★★★
크고 작은 볼거리가
가득

편의 시설
★★★★★
다수의 레스토랑과
쇼핑 매장

물가
★★★★★
중심가의 물가는
방콕보다 높은 수준

후아힌

휴양
★★★★★
고즈넉한 후아힌
비치와 리조트

유흥
★★★
푼쑥(Poon Suk)
골목에 고고 바 밀집

자연
★★★★★
하얗게 빛나는 백사장과
하늘빛 머금은 바다

관광
★★★
봐도 그만 안 봐도
그만인 볼거리들

편의 시설
★★★★☆
다수의 레스토랑과
쇼핑 매장

물가
★★★★
방콕, 파타야보다
저렴한 수준

파타야 여행 미션 5

① 꼬 란의 맑은 바다 즐기기

② 워킹 스트리트에서 놀기

③ 루프톱 바에서 파타야 전망 즐기기

④ 해산물 레스토랑 즐기기

⑤ 농눗 파타야 가든 정원 구경

후아힌 여행 미션 5

① 리조트에서 빈둥대기

② 후아힌 야시장 먹거리 탐방

③ 해산물 레스토랑 즐기기

④ 씨케다 주말 야시장 구경

⑤ 평화로운 비치 즐기기

태국 동부 해안 최고의 휴양지

파타야 Pattaya

- 😊인기도 ★★★★★
- 😊접근성 ★★★★☆
- 😊볼거리 ★★★☆☆
- 😊쇼핑 ★★★★★
- 😊세도락 ★★★★★
- 😊복잡함 ★★★★☆

파타야는 태국 동부 해안 최고의 휴양지로 수많은 외국 관광객이 찾는 세계적인 휴양지다. 여행자들은 남북으로 이어진 해변에서 한가로운 시간을 보내거나 파타야 인근의 섬을 찾아 여유를 만끽한다. 비치 리조트에서 온종일 빈둥거리는 것도 여유를 즐기는 방법이다. 해변과 가까운 도심은 생동감이 넘쳐 쇼핑과 미식, 나이트라이프를 즐기기에 그만이다. 파타야에서는 그야말로 '아무것도 하지 않을 자유'와 '무엇이든 할 수 있는 자유'가 주어진다.

· 파타야의 볼거리 ·

맑은 물빛과 고운 백사장을 찾아서

꼬 란
Koh Larn

파타야 인근의 핵심 볼거리. 흔히 산호섬이라 불린다. 파타야 비치보다 물이 깨끗하며 해변의 모래가 곱다. 섬은 가로 약 2km, 세로 약 5km 규모로 따이야이, 텅랑, 따웬, 티안, 싸매, 누안 등 크고 작은 해변을 품었다. 가장 인기 높은 해변은 한국과 중국에서 온 1일 투어 여행자들이 즐겨 찾는 핫 따웬. 파타야 비치보다 혼잡하지만 물이 맑다. 따웬 해변에는 단체 관광객을 위한 식당과 의류, 액세서리, 기념품 등을 판매하는 가게가 늘어서 있으며, 각종 해양 스포츠 시설이 위치한다.

2권 ⓘ INFO p.198
🅜 MAP p.194C

😊 **찾아가기** 파타야 발리하이 선착장에서 꼬 란 나반 선착장까지 페리를 운항한다. 발리하이-나반은 07:00~18:30, 나반-발리하이는 06:30~18:00에 1시간 30분~3시간 간격으로 출발한다. 승객이 차면 출발하는 등 운항 시간을 정확히 지키지는 않는다. 45분 소요, 편도 30B. 꼬 란 내에서 이동하는 요금이나 오가는 시간을 따지면 파타야 해변에서 출발하는 스피드 보트가 오히려 효율적이다. 15분 소요, 왕복 300B가량으로 흥정이 가능하다. 꼬 란 내 각 해변으로 이동할 때는 썽태우나 오토바이 택시를 이용하면 된다. 해변에 따라 썽태우는 20~40B, 오토바이 택시는 40~60B.
📍 **주소** Koh Larn

파타야 최고의 루프톱 바

호라이즌
Horizon

웅장하기로 유명한 트랜스젠더 쇼

알카자
Alcazar

힐튼 파타야 34층에 자리한 루프톱 바. 파타야에서 가장 핫한 곳이라 예약해야 전망 좋은 자리를 얻을 수 있다. 파타야 비치 가운데에 자리한 힐튼의 지리적 이점 덕분에 태국만의 수평선은 물론 파타야 시내 풍경이 한눈에 들어온다. 오후 4~7시는 해피 아워. 칵테일 하나를 주문하면 같은 종류의 칵테일 하나를 무료로 제공한다. 칵테일 중 마이타이, 피냐 콜라다, 블루 모히토, 모히토 시브리즈는 버진으로 즐길 수 있다. 드레스 코드는 스마트 캐주얼.

세계 3대 쇼 중 하나로 꼽힐 만큼 유명해진 트랜스젠더 카바레 쇼. 춤과 무용, 팬터마임 등으로 구성되는 공연은 때로는 진지하게 때로는 코믹하게 진행된다. 알카자 쇼는 태국의 트랜스젠더 쇼 가운데에서도 웅장한 무대를 선보이기로 유명하다. 한국 K-팝에서 중국, 베트남, 러시아의 무대까지 무대의상과 사운드, 조명으로 화려하게 치장한 무대는 한순간도 눈을 뗄 수 없게 한다. 공연이 끝나면 공연장 옆에서 무용수들과 사진을 찍을 수도 있다. 사진을 찍을 경우 팁을 줘야 한다.

파타야의 밤을 꽃피우는 곳

워킹 스트리트
Walking Street

파타야 비치 로드 남쪽에서 발리하이 선착장 전까지 이어진 거리다. 저녁 6시부터 다음 날 새벽 2시까지 차량 통행을 금지해 거리는 이름처럼 워킹 스트리트로 변모한다. 거리를 따라 해산물 전문점, 맥주 바, 스포츠 바, 고고 바, 나이트클럽이 네온사인을 밝히고 파타야의 밤을 즐기려는 여행자를 유혹한다. 한산했던 거리는 밤이 깊어질수록 사람들로 넘쳐난다. 밤 10시경부터 새벽까지 워킹 스트리트는 절정의 시간을 맞는다.

2권 ⓘ **INFO** p.198
◉ **MAP** p.194A

◉ **찾아가기** 파타야 비치 로드 남쪽
◉ **주소** Walking Street, Beach Road
◷ **시간** 18:00~02:00 ⊖ **휴무** 연중무휴

2권 ⓘ **INFO** p.203
◉ **MAP** p.195B

◉ **찾아가기** 파타야 쏘이 5 맞은편. 건물이 웅장해 찾기 쉽다.
◉ **주소** 78/14 Pattaya 2nd Road
◷ **시간** 17:00 · 18:30 · 20:00 · 21:30(시기에 따라 다름) ⊖ **휴무** 연중무휴 ⓑ **가격** 1800B
⊙ **홈페이지** www.alcazarthailand.com

2권 ⓘ **INFO** p.202
◉ **MAP** p.194B

◉ **찾아가기** 파파타야 비치 로드 쏘이 9~10, 힐튼 로비 층에서 엘리베이터를 갈아타고 34층 하차 ◉ **주소** 333/101 Moo 9, Nong Prue, Bang Lamung
◷ **시간** 16:00~01:00 ⊖ **휴무** 연중무휴
ⓑ **가격** 칵테일 340B~
⊙ **홈페이지** horizon.bar

★
**파타야의
호텔**

바다를 조망하는 넓은 객실

아마리 파타야
Amari Pattaya

정갈하게 꾸민 정원 위에 단아하게 자리한 리조트다. 아마리 파타야는 아마리 타워와 아마리
스위트, 두 건물로 나뉜다. 아마리 타워에는 바다 조망의 주니어 스위트, 패밀리, 딜럭스 타입의
객실이 자리한다. 모든 객실에는 발코니가 딸려 있다. 최고급 객실인 스위트는 탁 트인 전망과 넓은
객실, 호화로운 욕실이 강점이다. 스위트를 포함한 47개의 객실을 갖춘 이그제큐티브 플로어에는
클럽 라운지(Club Lounge)가 있다. 파타야 해변이 시원하게 조망되는 라운지는 이그제큐티브
게스트만을 위해 24시간 운영되는 공간. 아침에는 뷔페, 저녁에는 칵테일과 맥주, 와인 등을
제공하며, 올 데이 스낵 서비스를 누릴 수 있다. 아마리 스위트에는 스위트, 그랜드 아마리 스위트
타입의 객실이 자리한다.
아마리 파타야에는 이탤리언 레스토랑 프레고(Prego)를 비롯해 파타야를 대표하는 레스토랑과
바가 자리했다. 브리즈 스파(Breeze Spa)는 리조트 스파답게 고급스럽다. 헤어 컷, 매니큐어,
페디큐어 서비스를 제공하는 살롱을 함께 운영한다.

2권
◉ MAP p.195A

◉ **찾아가기** 파타야 비치 입구, 쏘이 1 ◉ **주소** 240 Pattaya Beach Road
① **시간** 체크인 14:00, 체크아웃 12:00 ⊖ **휴무** 연중무휴 ⑧ **가격** 성수기 4000B~
⊛ **홈페이지** www.amari.com/pattaya

모던한 감각이 돋보이는

홀리데이 인 파타야
Holiday Inn Pattaya

이그제큐티브 타워와 베이 타워로 구분된다. 2014년에 선보인 이그제큐티브 타워는 스위트를 포함한 200개의 객실을 갖추었다. 건물 최상층은 스위트 객실과 이그제큐티브 클럽이다. 이그제큐티브 클럽과 이어진 루프톱 바(Rooftop Bar)는 이그제큐티브 게스트 외에도 누구나 이용 가능하다. 편안한 베드형 소파와 바 테이블이 놓인 루프톱 바에서는 파타야 해변과 시내가 한눈에 보인다. 스위트 객실은 그리 넓지 않지만 환하고 고급스럽게 꾸며져 있다. 전망 또한 뛰어나 침대에서 잠을 깨면 눈 아래 바다가 펼쳐진다. 욕실의 통유리창 너머로도 바다가 넘실댄다.
이그제큐티브 타워의 메인 풀은 인피니티 형태로 파타야 비치를 바라보고 서 있다. 파타야 비치가 아득하게 눈에 들어와 파타야 비치에 있는 듯한 느낌이다. 별도로 마련된 키즈 풀의 시설도 매우 본격적이다. 조식 뷔페에서 시작해 저녁까지 식사를 즐길 수 있는 이스트 코스트 키친(East Coast Kitchen)은 환하고 상큼하다. 이탤리언 레스토랑 테라조(Terrazzo), 아바나 바(Havana Bar) 등 레스토랑과 바의 시설도 흠잡을 데 없다.

남국 정취 가득한 비치 리조트

케이프 다라
Cape Dara

파타야의 햇살과 바람이 스며드는 로비부터 남국의 정취가 물씬 풍기는 비치 리조트다. 다라는 태국어로 별이라는 뜻. 파타야의 밤하늘을 수놓는 별들은 케이프 다라에 이르러 쏟아질 듯 반짝인다. 로비에서 바라보이는 인피니티 풀 너머로는 케이프 다라의 전용 비치가 반짝인다. 전용 비치를 갖춘 케이프 다라에서는 파타야 비치를 온전하고 고즈넉하게 즐길 수 있다. 전용 비치 바로 앞에도 비치를 바라보고 선 또 하나의 풀이 자리한다. 바다를 조망하며 오픈 에어 형태로 자리한 레이디어스 레스토랑(Radius Restaurant)은 케이프 다라에서도 가장 눈에 띄는 레스토랑이다. 조식 뷔페로 문을 여는 레이디어스는 저녁까지 문을 연다. 루미너스 스파(Luminous Spa)는 실내와 야외에 베드를 갖췄다. 야외 베드에 드리운 순백의 커튼은 파타야의 바람을 맞으며 우아하게 펄럭인다. 보는 것만으로도 마음이 편안해진다. 케이프 다라에는 딜럭스, 스위트 등 11개 타입의 264개의 객실이 있다. 전용 비치 앞의 빌라 객실 중 일부는 프라이빗 인피니티 풀이 딸려 있다.

2권
◉ MAP p.195A   **⊙ 찾아가기** 파타야 비치, 쏘이 1
⊙ 주소 463/68, 463/99 Pattaya Sai 1 Road   **⊙ 시간** 체크인 14:00, 체크아웃 12:00   **⊖ 휴무** 연중무휴   **⑧ 가격** 성수기 3500B~
⊙ 홈페이지 www.holidayinn-pattaya.com

2권
◉ MAP p.195A   **⊙ 찾아가기** 북 파타야, 두씻 리조트 윗골목, 쏘이 20   **⊙ 주소** Na Kluea Road, Soi 20   **⊙ 시간** 체크인 14:00, 체크아웃 12:00   **⊖ 휴무** 연중무휴   **⑧ 가격** 성수기 4000B~
⊙ 홈페이지 www.capedarapattaya.com

방콕에서 남서쪽으로 210km 떨어져 있는 후아힌은 1920년 말 라마 6세가 여름 궁전인 끌라이 깡원(Klai Kangwon)을 지으며 휴양지로 개발됐다. 태국의 왕실 휴양지답게 고즈넉하며, 요란한 해양 스포츠보다는 승마와 같은 한가로운 풍경이 어울린다. 해변 외에 후아힌 자체에 큰 볼거리는 없다. 남쪽으로 45km 거리에 카오 쌈 러이 엿 국립공원과 그 중간중간 사원과 동물 등이 있지만, 선택 사항이다. 후아힌 비치에는 명성 있는 리조트가 가득 들어서 있으며, 후아힌에서 방콕 방면으로 25km 떨어진 곳에 위치한 차암 비치에는 최고급 호텔부터 저렴한 해변 방갈로까지 다양한 숙소가 자리한다.

고즈넉한 해변의 일상을 즐기자
후아힌 Hua Hin

- ☺ 인기도 ★★★★★
- ☺ 접근성 ★★★★
- ☹ 볼거리 ★★★
- ☺ 쇼핑 ★★★★
- ☺ 식도락 ★★★★★
- ☺ 복잡함 ★★

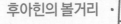
· 후아힌의 볼거리 ·

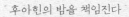

후아힌의 밤을 책임진다
후아힌 야시장
Hua Hin Night Market

오후 5시 이후에 데차누칫 거리(Soi Dechanuchit)에 형성되는 야시장이다. 야시장이 들어서는 데차누칫 거리는 펫까쎔 거리(Phet Kasem Road)에서 시작해 싸쏭 거리(Sa Song Road)를 지나 프라뽁끌라우 거리(Prapokklao Road)까지 300m가량 이어진다. 기념품, 잡화, 의류 노점 중 핵심은 뭐니 뭐니 해도 먹거리 노점. 과일, 로띠, 사떼, 케밥, 해산물 등 다양하다. 바닷가 해산물 레스토랑에 갈 여유가 없다면 싸쏭 거리를 지난 데차누칫 거리에는 모여 있는 해산물 전문점에 주목하자.

2권 ⓘ INFO p.214
ⓜ MAP p.210E

☺ 찾아가기 후아힌 쏘이 72.
후아힌 최고 중심가라 찾기 쉽다.
◉ 주소 Soi Dechanuchit ⏱ 시간 17:00~24:00 ⊘ 휴무 연중무휴

TIP ! 찻씰라 야시장 Chatsila Night Market

후아힌 야시장 속의 또 다른 야시장. 펫까쎔 거리에서 데차누칫 거리로 진입해 조금 걷다가 왼쪽 골목으로 들어가면 된다. 규모는 작지만 상인들이 직접 만들어 판매하는 핸드메이드 제품이 다양하다. 판매하는 품목이 씨케다 야시장과 비슷하다. 시간이나 교통편이 여의치 않아 씨케다 야시장에 들르지 못했다면 방문할 만하다.

생활과 예술의 만남

씨케다 야시장
Cicada Market

생활 속에서 예술을 실천하는 이들의 디자인 제품을 판매하는 주말 야시장이다. 의류, 장식품, 홈웨어, 핸드메이드 액세서리를 취급하는 아트 아라 모드(Art a la Mode)와 그림과 기념품 등을 판매하는 아트 인도어(Art Indoors), 공연을 보여주는 아트 오브 액트(Art of Act), 외식 공간 아트 오브 이팅(Art of Eating)으로 구분된다. 의류, 액세서리, 잡화 등 취급하는 품목은 일반 야시장과 다를 바 없지만 일반적인 태국의 야시장과는 완전히 다른 분위기. 티셔츠 하나도 공장에서 일괄적으로 찍어내는 제품이 아니라 직접 염색하거나 디자인한 제품이다.

2권 ⓘ INFO p.214
⊙ MAP p.211D

◎ **찾아가기** 택시 이용, 후아힌 쏘이 87 하얏트 리젠시 후아힌(Hyatt Regency Hua Hin) 입구에 위치, 시계탑 교차로에서 따끼엡 방면으로 4.2km ⊛ **주소** 83/159 Nong Kae-Khao Takiap Road ⓛ **시간** 금~일요일 16:00~23:00 ⊖ **휴무** 연중무휴
◉ **홈페이지** www.cicadamarket.com

아무것도 할 게 없는 조용한 해변

후아힌 비치·차암 비치
Hua Hin Beach · Cha-Am Beach

후아힌 비치는 후아힌 일대에서 가장 번화하고 발달한 해변이다. 그렇다고 파타야의 파타야 비치 혹은 푸껫의 빠똥 비치처럼 활기찬 분위기는 아니다. 제트스키, 카이트보드 등의 해양 레포츠보다는 승마나 조깅, 일광욕과 같은 조용한 활동이 어울리는 편이다. 후아힌 비치를 따라 가득 들어선 리조트에 묵으며 평화로운 후아힌 비치를 즐기자.
후아힌 비치 북쪽의 차암 비치는 더욱 조용한 해변이다. 해변을 따라 자리한 리조트에서 온종일 뒹굴며 게으른 시간을 보내기에 적합하다. 해변 간이식당에서 바람과 햇살, 모래와 더불어 맥주를 즐기는 것도 추억이 된다.

2권
⊙ MAP p.210F

◎ **찾아가기** 방콕에서 차로 이동한다면 차암 비치, 후아힌 비치가 차례대로 나타난다.
⊛ **주소** Hua Hin Beach, Cha-Am Beach ⓛ **시간** 24시간 ⊖ **휴무** 연중무휴 ⓑ **가격** 무료입장

후아힌의 해산물 레스토랑

매콤한 해산물 요리에 반하다

유옌 후아힌 발코니
YouYen Garden
อยู่เย็น หัวหิน บัลโคนี

후아힌 해변의 모래사장에 인접해 환상적인 조망을 자랑한다. 가격은 일대 해산물 식당에 비해 비싼 편. 그럼에도 현지인들의 발길이 끊이지 않는다. 인기 비결은 맛. 태국 본연의 매운맛을 잘 살려 묘하게 끌린다. 게살 튀김인 뿌짜 등 맵지 않은 요리를 적당히 섞어 주문하는 게 노하우다. 주문한 요리가 늦게 나오는 경우가 종종 있으므로 한 번에 서빙을 부탁하는 것도 방법이다.

2권 ⓘ INFO p.217
ⓜ MAP p.210E

ⓖ **찾아가기** 후아힌 시계탑에서 냅케핫로드(Naebkehardt Road) 북쪽으로 1.1km. 후아힌 비치에서 해변을 따라 걸어도 된다.
ⓐ **주소** 29 Naebkehardt Road ⓣ **시간** 11:00~22:00 ⓗ **휴무** 연중무휴
ⓦ **홈페이지** www.facebook.com/youyenbalcony

새로 탈바꿈한 전통 맛집

쌩타이 시푸드
Saeng Thai Seafood
แสงไทยซีฟู้ด

후아힌 일대에서 가장 오래되고 가장 인기 있는 해산물 전문점. 후아힌 비치에서 영업하다가 2017년 후아힌의 뉴 다운타운으로 각광받는 지금의 위치로 이전했다. 바다는 보이지 않지만 냉방이 되는 실내를 포함해 다양한 형태의 테이블을 선보인다. 메뉴는 아주 다양하다. 맛 또한 수준 이상이므로 취향대로 주문하자. 한국 음식이 그립다면 꿍깽쏨빼싸를 추천한다. 한국의 김치찌개 혹은 곰칫국 같다.

2권 ⓘ INFO p.217
ⓜ MAP p.210E

ⓖ **찾아가기** 택시 이용, 냅케핫로드(Naebkehardt Road) 북쪽 해변에 위치, 시계탑 교차로에서 1.2km
ⓐ **주소** 8/3 Naebkehardt Road
ⓣ **시간** 10:00~22:00 ⓗ **휴무** 연중무휴

분위기 좋은 해변 레스토랑

렛츠 시
Let's Sea

렛츠 시 리조트 내 레스토랑이지만 리조트보다 먼저 오픈한 레스토랑이다. 세미 캐주얼한 분위기의 정갈한 실내, 소파, 평상, 테이블 형태의 야외 좌석으로 구분된다. 실내보다는 바다와 접한 야외 테이블의 분위기가 좋다. 메뉴는 간단한 태국식과 서양식으로 단출하다. 요리는 전반적으로 간이 세며, 먹을수록 맛이 좋다. 친근한 서비스도 나무랄 데 없다.

2권 ⓘ INFO p.218
ⓜ MAP p.211D

ⓖ **찾아가기** 택시 이용, 후아힌 쏘이 87 씨케다 야시장 안쪽에 위치, 시계탑 교차로에서 따끼얍 방면으로 5.1km
ⓐ **주소** 83/155 Soi Huathanon 23, Khao Takiap-Hua Hin Road ⓣ **시간** 07:00~23:00
ⓗ **휴무** 연중무휴 ⓦ **홈페이지** www.letussea.com/dine-al-fresco

수상 가옥 형태의 해산물 식당

차우레
Chao Lay Seafood ชาวเล

바다 위 수상 가옥 형태의 레스토랑이다. 주변에 비슷한 형태의 레스토랑 중에서도 이 집이 가장 인기다. 식사 공간은 2층. 가장자리 자리가 아니더라도 모든 좌석에서 바다가 보인다. 테이블과 의자는 허름하지만 천으로 감싸 분위기를 살렸다. 테이블보는 손님이 바뀔 때마다 교체한다. 요리는 무난하다. 메뉴의 추천 요리를 참고하면 도움이 된다. 서비스나 친절은 기대하지 않는 게 좋다.

2권 ⓘ INFO p.216
⊙ MAP p.210E

⊙ **찾아가기** 후아힌 쏘이 57 해변에 위치, 시계탑 교차로에서 450m, 도보 6분
⊙ **주소** 15 Nares Damri Road
⊙ **시간** 10:00~21:30 ⊖ **휴무** 연중무휴

목조 가옥을 개조한 해산물 전문점

반 이싸라
Baan Itsara บ้านอิสระ

현지인과 여행자 모두에게 인기 있는 레스토랑. 백사장에 둑을 만들어 지은 태국식 목조 가옥을 개조했다. 실내에는 테이블이 거의 없고 바다와 접한 야외 테이블이 대다수다. 바다 바로 옆 테이블을 원한다면 식사 시간 전에 방문하는 게 좋다. 분위기와 서비스는 매우 좋은 편. 해산물이 싱싱하며, 태국식, 서양식 등 다양한 조리법의 요리를 선보인다.

2권 ⓘ INFO p.218
⊙ MAP p.210E

⊙ **찾아가기** 택시 이용, 냅케핫로드(Naebkehardt Road) 북쪽 해변에 위치, 시계탑 교차로에서 1.6km
⊙ **주소** 7 Naebkehardt Road
⊙ **시간** 11:00~21:00 ⊖ **휴무** 연중무휴
⊙ **홈페이지** www.facebook.com/BaanItsara

이색적인 인테리어와 맛있는 요리

아러이 엣 후아힌
อร่อย @ หัวหิน

주말여행을 즐기는 태국 현지인들에게 인기 높은 레스토랑이다. 실내는 도로와 접한 1층 야외 테이블과 에어컨을 가동하는 2층으로 구분된다. 천장이 높아 시원시원한 1층에는 대나무를 엮어 만든 거대한 조형물을 설치해 매우 이색적이다. 주메뉴는 해산물 요리. 신선하고 맛있다. 가격대가 비슷한 바닷가 레스토랑에 비해 서비스도 좋다.

2권 ⓘ INFO p.218
⊙ MAP p.211H

⊙ **찾아가기** 택시 이용, 후아힌 쏘이 112 입구 맞은편에 위치, 4번 국도를 따라 무껫 방면으로 4.6km
⊙ **주소** 129/18 Phet Kasem Road
⊙ **시간** 월~목요일 11:00~21:30, 금요일 11:00~22:00, 토요일 10:30~22:00, 일요일 10:30~21:30 ⊖ **휴무** 연중무휴
⊙ **홈페이지** www.aroyathuahin.com

· 후아힌의 쇼핑 ·

후아힌 최초의 본격적인 쇼핑센터
블루포트
BlúPort

후아힌을 대표하는 쇼핑센터 중 하나. B층부터 3층까지 5층 규모다. B층 포트워크에는 푸드트럭과 라이프 스타일 숍, 합리적인 가격의 홈 스파 매장 등이 스트리트 숍 형태로 들어서 있다. G층에는 더 커피 클럽, 스타벅스 등의 커피숍과 MK, 후지 등 각종 프랜차이즈 레스토랑을 비롯해 슈퍼마켓 쇼핑에 좋은 고메 마켓이 있다. 3층의 이그조틱 타이도 빼놓지 말자. 디오나, 마운틴 사폴라 등 태국을 대표하는 스파 브랜드 몇 곳이 입점했다.

찾고 싶은 매장이 가득
마켓 빌리지
Market Village

후아힌 최초의 쇼핑센터이자 여전히 큰 인기를 누리고 있는 곳이다. 블루포트에 비해 서민적인 분위기이며 가성비가 좋은 매장이 많다. 먼저 로터스는 태국의 대표 대형 마트 중 하나로 저렴한 가격이 강점이다. 다음은 부담 없이 한 끼 즐길 수 있는 스트리트 푸드 마켓을 포함한 각종 프랜차이즈 레스토랑을 꼽을 수 있다. 왕립 프로젝트 숍 푸파(Phufa) 등 특색 있는 매장과 렛츠 릴렉스 스파 또한 마켓 빌리지를 찾는 이유 중 하나다.

2권 ⓑ INFO p.219
ⓞ MAP p.211G **찾아가기** 택시 이용 혹은 야시장 중앙의
싸쏭 로드(Sa Song Road)에서 썽태우 승차 후 블루포트 하차
🄰 **주소** 8/89 Soi Moo Baan Nongkae 🄾 **시간** 11:00~21:00
🄷 **휴무** 연중무휴 🄷 **홈페이지** www.bluporthuahin.com

2권 ⓑ INFO p.219
ⓞ MAP p.210F **찾아가기** 택시 이용 혹은 야시장 중앙의
싸쏭 로드(Sa Song Road)에서 썽태우 승차 후 마켓 빌리지 하차
🄰 **주소** 234/1 Phet Kasem Road 🄾 **시간** 10:30~21:00 🄷 **휴무** 연중무휴
🄷 **홈페이지** www.marketvillagehuahin.co.th

존재만으로 아름다운
센타라 그랜드 비치 리조트 & 빌라
Centara Grand Beach Resort & Villas

예로부터 후아힌은 말레이시아로 향하는 기차가 지나다니는 길이었다. 후아힌에 왕실 여름 궁전이 들어선 것도 편리한 교통과 아름다운 해변을 갖춘 후아힌의 지리적 이점 때문. 라마 5세의 아들은 1923년 경치 좋고 교통 편리한 후아힌에 호텔을 짓고 사업을 시작한다. 이름은 레일웨이 호텔(Railway Hotel). 지금의 센타라 그랜드다. 브리티시 콜로니얼 스타일의 호텔 건물은 예나 지금이나 한결같은 모습을 자랑한다. 당시의 호텔 리셉션은 커피숍이자 박물관으로 바뀌어 그 시절을 이야기한다. 박물관을 찾지 않아도 옛 흔적이 곳곳에 배어 있다. 공기 순환을 위해 높게 설계한 천장, 세월을 머금어 노랗게 변한 전등, 한 세기를 가꾸어온 정원 등. 외부는 보존하고 내부만 레노베이션해 사용하는 센타라 그랜드는 존재만으로도 아름답다.

리조트는 3개 윙으로 구성된 메인 빌딩과 42개의 단독 빌라로 구성된다. 티크목과 타이 실크로 꾸민 객실은 중후하다. 수영장은 총 4개. 각 윙과 빌라에 딸려 있다. 과거를 재현하는 레일웨이 레스토랑(Railway Restaurant), 더 뮤지엄(The Museum) 등 레스토랑과 바도 좋다. 명성 높은 스파 센바리(Cenvaree) 역시 센타라 그랜드의 자산이다.

2권
◎ MAP p.210F

◎ **찾아가기** 후아힌 시계탑에서 남쪽으로 걷다가 OTOP 매장을 지나 후아힌 비치 방면으로 좌회전, 800m, 도보 10분 ◉ **주소** 1 Damnoen kasam Road
① **시간** 체크인 14:00, 체크아웃 12:00 ⊖ **휴무** 연중무휴 ⑱ **가격** 성수기 6500B~
◎ **홈페이지** www.centarahotelsresorts.com/centaragrand/chbr

바닷가 리조트의 정석

인터컨티넨탈 후아힌 리조트
Intercontinental Hua Hin Resort

푸른 정원 건너 드넓은 수영장이 펼쳐지고, 그 너머로는 고운 백사장을 품은 파란 바다가 넘실대는 바닷가 리조트의 정석이다. 가장 먼저 눈에 띄는 것은 콜로니얼 스타일의 외관이다. 건물과 건물을 잇는 다리 등 후아힌 여름 궁전을 본떠 만든 고풍스럽고 우아한 외관에 자연스레 시선이 쏠린다. 수영장은 정갈하고 편리하다. 중간중간 놓은 나무 덱에 선 베드를 배치해 보고, 쉬고, 놀기에 좋다. 넓은 객실은 군더더기 없이 단아하고, 고급스럽다. 프리미어 풀 테라스 룸은 특히 추천한다. 메인 수영장과 연결되는 풀 액세스 룸이지만 객실 앞 수영장이 갇힌 형태라 개인 풀 느낌이 든다. 7개의 스파 룸을 갖춘 스파 인터컨티넨탈(Spa Intercontinental), 다양한 레스토랑과 바도 놓치기 아깝다.

인터컨티넨탈 후아힌은 2개의 윙으로 구분된다. 해변과 인접한 비치 윙과 길 건너 블루포트 윙이다. 후아힌 최고의 쇼핑센터인 블루포트와 인터컨티넨탈은 다리로 연결돼 편리하게 오갈 수 있다. 객실 손님에게는 블루포트 할인권을 제공한다. 그뿐만 아니라 호텔에서 5~10분 거리인 후아힌 아레나와 와나나와(Vana Nava) 워터파크도 무료다. 호텔에 묵는 동시에 무료로 즐길 수 있는 액티비티가 무한대로 생성되는 셈이다.

2권
⊙ MAP p.211C

◎ 찾아가기 후아힌 시계탑에서 남쪽으로 2.7km, 택시 혹은 썽태우 이용
🏠 주소 33/33 Phet Kasem Road 🕐 시간 체크인 14:00, 체크아웃 12:00 ⊖ 휴무 연중무휴 ฿ 가격 성수기 5600B~
🔗 홈페이지 huahin.intercontinental.com

프라이버시를 강조한 풀빌라

케이프 니드라
Cape Nidhra

60개의 객실을 갖춘 풀빌라 리조트다. 바다를 향해 길게 늘어선 형태의 빌라라 바다 조망을 포기한 대신 각 객실의 프라이버시를 강조했다. 객실은 6개의 카테고리로 나뉘며 객실마다 크기가 다른 개인 풀이 자리한다. 중간 등급의 가든 풀 스위트의 경우, 룸은 120m², 풀은 4×6m 크기다. 은밀하게 숨어 둘만의 시간을 보내기에 이보다 좋을 수는 없다. 본격적인 수영과 선탠을 즐기려면 바다를 향해 자리한 메인 풀을 이용하면 된다.

부대시설로는 레스토랑과 피트니스 센터, 케이프 스파(Cape Spa) 등이 있다. 록스 레스토랑(Rocks Restaurant)은 리조트 내 유일한 레스토랑. 오후 5시부터는 레스토랑 루프톱에 온 더 록스 바(On the Rocks Bar)가 문을 연다. 고기와 술을 사랑하는 이라면 매주 화요일에 운영하는 바비큐 디너를 놓치지 말자. 오후 6시부터 7시까지 칵테일, 맥주 등 주류를 무료로 제공한다. 그 밖에 리조트에서는 요리 교실, 무에타이, 캔들라이트 다이닝 등 다양한 프로그램을 선보인다.

2권
MAP p.210F

📷 **찾아가기** 후아힌 시계탑에서 남쪽으로 900m, 도보 12분 📍 **주소** 97/2 Phet Kasem Road
🕐 **시간** 체크인 14:00, 체크아웃 12:00 🚫 **휴무** 연중무휴 💲 **가격** 성수기 9000B~ 🏠 **홈페이지** www.capenidhra.com

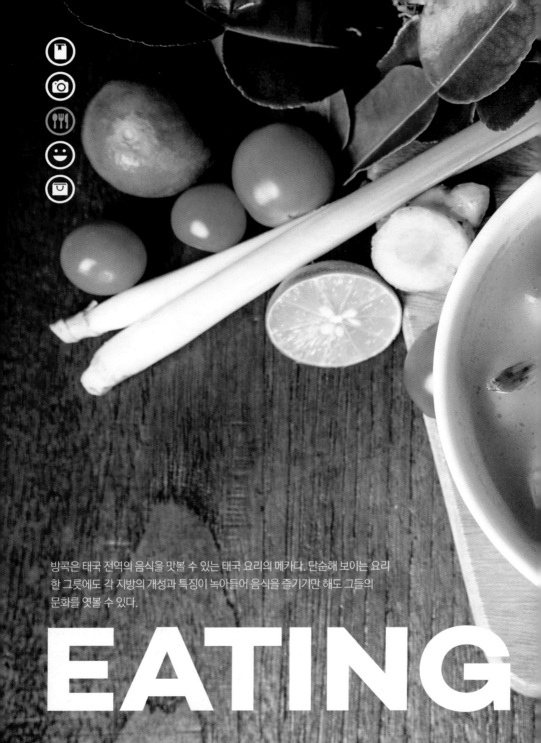

방콕은 태국 전역의 음식을 맛볼 수 있는 태국 요리의 메카다. 단순해 보이는 요리
한 그릇에도 각 지방의 개성과 특징이 녹아들어 음식을 즐기기만 해도 그들의
문화를 엿볼 수 있다.

EATING

108	**MANUAL 07**
	태국 요리
118	**MANUAL 08**
	국수
128	**MANUAL 09**
	로컬 맛집
134	**MANUAL 10**
	컨템퍼러리 다이닝
144	**MANUAL 11**
	해산물 레스토랑
150	**MANUAL 12**
	강변 레스토랑
158	**MANUAL 13**
	지방 요리
164	**MANUAL 14**
	카페
172	**MANUAL 15**
	디저트

INTRO

태국 요리의 맛

태국 요리는 매운맛을 강조하지만 그 외에도 짜고, 달고, 신맛이 난다. 한 가지 요리가 보통 3~4가지 맛을 낸다.

매운맛
쥐똥고추, 칠리소스
(프릭깽, 프릭파오)

짠맛
액젓, 소금

단맛
팜슈거, 설탕

신맛
타마린드, 라임

쏙쏙비밀 태국의 술

펍이나 레스토랑에서는 술을 판매하는 시간이 따로 없지만 대형 마트, 슈퍼마켓, 편의점에서는 일정 시간 (11:00~14:00, 17:00~24:00)에만 술을 판매한다. 다만 불교 기념일(방콕 여행 캘린더 p.14~15 참조)에는 펍이나 레스토랑에서도 술을 판매하지 않는다. 또 '완니완프라'라고 불리는 불교 사원에 가는 날이 한 달에 몇 번씩이나 있다. 이날은 소나 돼지, 닭 등 가축을 도살하지 않는다. 따라서 육류를 구매할 수는 있지만 당일 도축한 가축은 아니라고 보면 된다.

이름만 알아도 요리가 보인다!
태국 요리 용어 사전

여행자가 즐겨 찾는 레스토랑은 대부분 영어 메뉴를 갖추고 있고 영어 소통이 가능하지만 그렇지 않은 레스토랑도 더러 있다. 태국 요리는 이름만 알아도 요리 재료와 레시피가 보인다. 몇 가지 단어를 외워 원하는 요리를 주문하자.

메뉴 읽는 방법 요리 재료 + 요리법 or 요리법 + 요리 재료 = 요리 이름

요리 재료

해산물
생선 쁠라
새우 꿍
게 뿌
오징어 쁠라믁
조개 허이
굴 허이낭롬
홍합 허이말랭푸
해산물 탈레

육류
닭고기 까이
소고기 느어
돼지고기 무
내장 크릉나이

채소
고수 팍치
바질 끄라파오
공심채, 모닝글로리 팍붕
케일 카나
양배추 까람쁘리
배추 팍깟카우
쑥갓 큰차이

요리법
볶다 팟
굽다 양
불에 굽다 파우
튀기다 텃
찌다 능
끓이다 똠
무치다(섞다) 얌
찧다 땀
데치다 루악

양념과 조미료
마늘 끄라티얌
고추 프릭
쥐똥고추 프릭키누
고춧가루 프릭뽄
기름이 없는 고추 양념 프릭깽
기름이 있는 고추 양념 프릭파오
액젓 남쁠라
쥐똥고추를 넣은 액젓 프릭남쁠라
식초 남쏨
타마린드 마캄
라임 마나우
고추를 넣은 식초 프릭남쏨
굴소스 남만허이
설탕 남딴
후추(블랙) 프릭타이(담)
카레 까리

기타 용어
아한 음식 **란아한 식당**
아한짠디여우 덮밥, 볶음밥 등 단품 메뉴
카우깽 태국식 반찬 가게.
보통 진열된 반찬을 골라 덮밥으로 먹는다. 밥과 반찬을 따로 먹는 건 '옛깝 카우'라고 한다.

태국 요리 사전 Thai Cuisine

태국까지 가서 카우팟(볶음밥)과 팟타이(볶음국수)만 먹고 오긴 억울하다. 그렇다고 향신료를 즐겨 쓰는 태국 요리에 본격적으로 도전하기도 겁이 난다. 태국 요리 사전을 참고해 한국인의 입맛에 맞는 다양한 태국 요리를 마음껏 즐기자.

샐러드·애피타이저

쏨땀

▲ 쏨(시다)+땀(찧다)
파파야 샐러드. 덜 익은 그린 파파야와 타마린드나 라임즙, 팜슈거나 설탕, 액젓, 고추, 마늘 등이 기본 재료다. 태국에서 '땀'은 '얌'과 더불어 무치는 방식의 조리법. 얌은 일반적인 무침이지만 땀은 절구로 찧는 방식이다. 그래서 쏨땀을 요리하는 것을 땀쏨이라고 한다. 가장 기본이 되는 것은 쏨땀타이다. 태국식 쏨땀이라는 뜻으로 토마토, 당근, 롱빈, 땅콩, 마른 새우를 넣는다. 액젓 외에 젓갈을 듬뿍 넣은 쏨땀 뿔라라, 생새우를 넣은 쏨땀 꿍쏫, 게를 넣은 쏨땀 뿌, 해산물을 넣은 쏨땀 탈레 등 다양하다. 쏨땀은 태국 전역에서 판매하지만 원래 이싼 요리다. 이싼 요리 전문점은 돼지고기 목살 구이를 넣은 쏨땀 커무양 등 더 다양한 메뉴를 갖추었다.

▼ 얌(무치다)+운쎈(당면, 녹말 국수)
얌은 양파, 고추, 큰차이(태국 쑥갓) 등 채소와 타마린드 혹은 라임즙, 설탕, 액젓 등을 넣고 무친 요리다. 얌운쎈은 여기에 태국 당면을 넣은 샐러드. 새콤하면서도 매콤하게 입맛을 당겨 애피타이저로 좋다. 해산물 얌운쎈 탈레, 새우 얌운쎈 꿍, 오징어 얌운쎈 쁠라믁 등 첨가하는 재료에 따라 이름이 달라진다.

얌운쎈

◀ 남프릭까삐(새우젓갈소스)
남프릭까삐는 새우 페이스트에 고추, 라임주스, 설탕, 액젓 등을 넣은 소스. 태국인들이 사랑하는 젓갈 중 하나로 한국의 젓갈 맛과 유사하다. 한국에서 갈치속젓을 즐기는 입맛이라면 전혀 이질감 없는 맛. 보통 쁠라투라는 고등어류의 저렴한 생선과 가지, 당근, 오이, 호박 등의 채소를 곁들여 남프릭까삐에 찍어 먹는다.

남프릭까삐

미앙캄

▼ 미앙(태국 찻잎의 일종)+캄(입)
식용 찻잎인 미앙에 양파, 고추, 라임, 건새우, 땅콩 등을 싸서 먹는 애피타이저. 미앙에 싸 한입에 먹는다고 해서 미앙캄이다. 입안을 개운하게 하고 소화를 촉진하는 데 도움이 된다. 입맛에 맞지 않는 재료는 빼고 먹어도 된다.

볶음밥·덮밥

카우팟

▶ 카우(밥)+팟(볶다)

볶음밥. 기본적으로 양파 등 몇 가지 채소와 달걀을 넣는다. 향신료가 전혀 들어가지 않아 태국 요리에 익숙하지 않아도 무난하게 즐길 수 있다. 새우 볶음밥은 카우팟 꿍, 해산물 볶음밥은 카우팟 탈레, 돼지고기 볶음밥은 카우팟 무, 햄 볶음밥은 카우팟 햄 등으로 이름이 달라진다. 간이 심심하다면 액젓에 쥐똥고추를 넣어 만든 소스인 프릭남쁠라를 곁들이자.

▼ 카우(밥)+만(기름)+까이(닭)

중국 이민자들에게서 유래한 요리. 삶은 닭고기를 밥 위에 얹은 덮밥이다. 카우만까이에 쓰는 밥에는 닭 기름을 넣는 게 특징. 기름을 넣지 않은 덮밥은 카우나까이라고 한다. 덮밥은 소스인 남찜과 함께 내는데, 카우만까이의 맛을 결정할 정도로 소스의 역할이 크다. 카우만까이는 일반 식당에서는 잘 판매하지 않고 전문점이 따로 있다.

카우만까이

◀ 카우(밥)+카무(족발)

역시 중국 이민자들에게서 유래한 요리. 간장과 약재를 넣어 고은 족발을 밥 위에 얹어 먹는 메뉴다. 보통 맵고 신 족발소스인 남찜카무를 곁들인다. 일반 식당에서는 판매하지 않고 전문점이 따로 있다.

카우카무

국물 요리

똠얌꿍

▶ 깽(국, 탕)+쏨(시다)

태국 남부 요리. 고추의 매운맛과 타마린드의 신맛이 어우러진 요리. 원조 남부 요리는 맛이 강하지만 방콕의 깽쏨은 김치찌개에 가깝다. 튀긴 생선 깽쏨 빠싸, 새우 깽쏨 꿍, 차옴 전(부침개) 깽쏨 카이찌여우차옴 등으로 주재료에 따라 이름이 다르다. 튀긴 생선을 넣는 깽쏨 빠싸가 일반적이지만, 새우를 넣은 깽쏨 꿍이 태국 요리 초보자가 먹기에 무난하다.

깽쏨

▲ 똠(끓이다)+얌(섞다)+꿍(새우)

다양한 재료와 향신료를 넣고 매콤하고 새콤하게 끓이는 요리. 향과 맛은 향신료가 결정한다. 반드시 넣어야 하는 향신료는 갈랑갈, 카피르 라임 잎, 레몬그라스 세 가지. 이 재료만 넣으면 똠얌 피자 등 똠얌이라는 이름이 붙는 모든 음식을 만들 수 있다. 향신료 외에 기름을 넣은 고추 양념인 프릭파오는 매운맛을 낸다. 향신료와 새우, 버섯, 토마토, 고추 등을 넣고 끓이면 똠얌꿍 완성. 식당에서 똠얌꿍을 주문하면 대부분 코코넛 밀크를 넣지만 이 또한 선택이다. 코코넛 밀크를 넣으면 똠얌꿍 남콘, 넣지 않으면 똠얌꿍 남싸이다. 새우 대신 해산물을 넣으면 똠얌꿍 탈레 등으로 이름이 달라진다.

◀ 깽(국, 탕)+마싸만(무슬림 카레의 일종)

태국 카레 깽 중 한국인의 입맛에 가장 잘 맞는다. 고추, 마늘, 레몬그라스, 갈랑갈, 강황 등으로 카레 페이스트를 만든다. 고추를 많이 넣지만, 큰 고추를 사용해 맵지 않고 달큼한 맛이 강하다. 태국 요리 중 감자를 쓰는 거의 유일한 요리로, 닭고기를 넣은 깽마싸만 까이는 한국의 닭볶음탕과 유사하다. 소고기를 넣으면 깽마싸만 느어로, 주재료에 따라 이름이 달라진다.

깽마싸만

▶ 깽(국, 탕)+쯧(심심하다)

맑은 국. 배추와 쪽파를 넣어 만들고 연두부, 김, 다진 돼지고기 등을 첨가한다. 별다른 향 없이 시원하게 즐길 수 있는 메뉴다.

깽쯧

볶음 요리

뿌팟퐁까리

◀ 뿌(게)+팟(볶다)+퐁(가루)+까리(옐로 카레)

옐로 카레를 넣은 게 볶음. 옐로 카레는 한국 카레와 거의 비슷해 한국인들이 먹기에 무난하다. 실제로 뿌팟퐁까리는 한국인들에게 가장 인기 높은 요리다. 집게발이 큰 머드 크랩인 뿌담을 사용하는 게 정석이지만 가격이 비싸다. 뿌팟퐁까리를 저렴하게 선보이는 곳에서는 블루 크랩인 뿌마, 소프트셸 크랩인 뿌님을 사용하기도 한다. 게살만 넣은 뿌팟퐁까리는 게살 통조림을 쓰는 게 일반적이다. 게 외의 재료도 널리 사용한다. 새우는 꿍팟퐁까리, 오징어는 쁠라믁팟퐁까리, 해산물은 탈레팟퐁까리 등으로 불린다.

▶ 팟(볶다)+팍붕(공심채)+파이(불)+댕(볶다)

태국어로 팍붕인 공심채, 모닝글로리(Morning Glory) 볶음. 팍붕에 태국 된장 따오찌여우와 마늘 등을 넣고 볶는다. 거슬리는 향이 전혀 없어 태국 요리 초보자도 부담 없는 메뉴. 이름에 파이댕이 붙은 이유는 센 불에 재빨리 볶아내기 때문이다. 보통 채소 볶음은 '팟+채소'로 이름 짓는다.

팟팍붕파이댕

팟팍루엄밋

◀ 팟(볶다)+팍(채소)+루엄밋(섞어서)

여러 가지 채소를 이용한 채소 볶음. 베이비콘, 양배추, 버섯, 당근, 카나 등 채소에 굴소스, 마늘 등을 넣어 볶는다. 특별한 향이 없고, 다양한 채소의 맛과 식감을 느낄 수 있다. 밥 위에 얹어 덮밥으로 먹기도 한다.

▼ 팟(볶다)+끄라파오(바질)+무쌉(다진 돼지고기)

팟끄라파오는 바질 잎에 고추, 마늘 등을 넣어 매콤하게 볶아내는 요리. 다진 돼지고기인 무쌉을 넣은 팟끄라파오 무쌉이 가장 인기 있다. 무쌉 외에 돼지고기 팟끄라파오 무, 소고기 팟끄라파오 느어, 닭고기 팟끄라파오 까이, 해산물 팟끄라파오 탈레 등 재료에 따라 이름이 달라진다.

허이팟프릭파오

팟끄라파오 무쌉

▲ 허이(조개)+팟(볶다)+프릭파오(칠리소스)

기름이 있는 고추 양념인 프릭파오를 넣어 볶은 조개 요리. 고추, 바질, 양파 등 가게마다 준비한 채소를 넣어 함께 볶는다. 프릭파오 외에 별다른 향신료를 쓰지 않으므로 누구나 무리 없이 즐길 수 있다.

튀김 요리

어쑤언과 허이텃

카이찌여우

▲ 카이(달걀)+찌여우(기름으로 지지다)

태국식 오믈렛. 우리가 흔히 보는 일본식 오믈렛은 아니고 달걀전이라고 생각하면 쉽다. 달걀만 넣어 단순하게 부치거나 속에 재료를 넣어 풍성하게 즐긴다. 게는 카이찌여우 뿌, 다진 새우는 카이찌여우 꿍쌉, 다진 돼지고기는 카이찌여우 무쌉 이라 부른다.

기타 달걀 요리

달걀 프라이 : 카이다우
달걀찜 : 카이뚠
삶은 달걀 : 카이똠

▲ 허이(조개)+텃(튀기다)

어쑤언은 굴전, 허이텃은 홍합전이다. 어쑤언은 중국 이민자들에게서 유래한 음식. 반죽에 굴을 넣어 부드럽게 부친다. 허이텃은 어쑤언의 서민 버전이다. 굴보다 싼 홍합을 넣고 튀기듯이 부친 요리로, 노점 음식점에서도 흔히 볼 수 있다. 어쑤언이 부드러운 데 반해 허이텃은 바삭바삭하고 기름지다.

텃만꿍

▶ 텃만(튀김)+꿍(새우)

새우를 다져 튀긴 요리. 생선을 다져 튀기면 텃만 쁠라가 된다. 어묵과 비슷하며, 향신료를 넣지 않아 태국 요리 초보자도 쉽게 즐길 수 있다.

구이

꿍파우

▼ 까이(닭)+양(굽다)

태국식 바비큐. 이싼 지방에서 유래한 대표 요리 중 하나다. 일반적으로 밑간 한 통닭을 줄줄이 꿰어 숯불에 천천히 오랜 시간 굽는다. 잘 구운 통닭은 통으로 혹은 먹기 좋은 크기로 잘라 판매한다.

까이양

▲ 꿍(새우)+파우(불에 굽다)

다른 양념 없이 숯불에 구운 새우. 태국 음식이 입맛에 맞지 않아도 전혀 무리가 없는 음식이다. 그냥 먹어도 되고, 태국 해산물소스인 남찜탈레에 찍어 먹어도 된다. 해산물 식당에서 킬로그램당 가격을 정해 파는 경우가 많다.

절임 요리

꿍채남쁠라

▼ 뿌(게)+덩(절이다)
게 피클. 우리의 게장에 해당된다. 액젓과 설탕, 끓인 물을 넣어 게를 절인 후 라임 물, 팜슈거, 잘게 썬 고추와 마늘 등을 얹어 만든다. 짭조름하고 새콤하며, 마늘과 고추를 듬뿍 얹어 매콤하다. 보통 블루 크랩인 뿌마를 사용하는 뿌마덩이 많다.

뿌덩

▲ 꿍(새우)+채(담그다)+남쁠라(액젓)
액젓에 담근 새우 요리. 우리로 따지면 새우장에 해당된다. 남찜탈레라는 해산물소스와 마늘, 고추 등을 곁들여 먹는다. 전반적으로 새콤하고 매콤하다. 익히지 않고 생으로 먹는 요리이므로 새우의 신선도가 가장 중요하다.

생선 요리

쁠라능씨이우

▶ 쁠라(생선)+능(찌다)+씨이우(간장)
간장소스를 얹은 생선찜. 능성어 쁠라까오능은 쁠라까오능씨이우, 농어 쁠라까퐁은 쁠라까퐁능씨이우 등 생선 종류에 따라 이름이 다르다. 거부감 없는 맛으로 부드러운 생선살을 즐길 수 있다.

쁠라능마나우

◀ 쁠라(생선)+능(찌다)+마나우(라임)
라임소스에 쪄내는 생선 요리. 마늘, 고추 등을 곁들인다. 상큼한 맛이 지배적이지만 라임주스나 라임즙을 넣은 요리와는 확연히 다른 맛이다. 태국 요리의 향신료가 거북하다면 권하지 않는다. 생선 대신 오징어를 사용하면 쁠라믁능마나우 등으로 이름이 달라진다.

▶ 쁠라(생선)+텃(튀기다)
기름에 튀기듯이 구운 생선. 생선 껍질은 바삭바삭하고 속은 폭신하다. 생선 종류와 올리는 양념에 따라 이름이 달라진다. 농어 쁠라까퐁을 튀겨 마늘을 올리면 쁠라까퐁텃 끄라티얌, 액젓을 올리면 쁠라까퐁텃 랏남쁠라, 칠리소스를 올리면 쁠라까퐁텃 랏프릭이다. 입맛에 맞게 양념을 선택해 먹으면 된다.

쁠라텃

태국 과일 사전 Tropical Fruits

태국은 연중 열대 과일을 즐길 수 있는 과일 천국이다. 때마다 나는 다양한 과일을 맛보는 것도 하나의 재미. 여행 시기에 맞춰 제철 과일을 찾아보자. 대형 마트, 시장, 노점 등 태국 과일은 어디서든 만날 수 있다.

망고 Mango

태국어 : 마무앙 **시즌** : 4~6월
종류와 색깔이 다양하다. 망고만 4~5 종류를 판매하는 큰 과일 가게에 가지 않는 이상, 길거리나 슈퍼마켓에서는 색깔을 떠나 달콤한 망고를 판매한다. 망고 찹쌀밥 카우니여우 마무앙에는 크고 노랗고 달콤한 마무앙 옥렁 혹은 마무앙 남덕마이를 사용한다.

두리안 Durian

태국어 : 투리얀 **시즌** : 4~8월
과일의 왕이라 불린다. 울퉁불퉁 가시가 돋은 껍질 속에 부드럽고 달콤한 속살을 품었다. 현지인들은 '천국의 맛'이라고 표현하지만 호불호가 갈린다. '지옥의 향기'라고 할 정도로 냄새가 고약하다. 반입 금지 호텔이 있을 정도. 성질이 뜨거워 술과 함께 먹는 것은 위험하다.

망고스틴 Mangosteen

태국어 : 망쿳 **시즌** : 5~9월
과일의 여왕이라 불린다. 짙은 자주색 껍질을 눌러 벗기면 마늘처럼 몽실몽실 붙어 있는 하얀 열매가 드러난다. 열매는 즙이 많고 매우 달다. 돌처럼 단단한 것은 신선하지 않은 것이므로 먹을 때 주의해야 한다.

파파야 Papaya

태국어 : 말라꺼 **시즌** : 연중
크고 길쭉한 호박처럼 생겼다. 잘 익은 파파야는 과육이 짙은 오렌지색을 띠며, 씨를 빼고 생으로 먹는다. 덜 익은 녹색 파파야는 쏨땀 재료로 사용한다.

람부탄 Rambutan

태국어 : 응어 **시즌** : 5~9월
성게 모양의 빨간 껍질 속에 탱글탱글한 흰색 과육이 꽉 차 있다. 과육의 반 이상은 씨. 통째로 입에 넣어 씨를 발라 먹으면 된다. 즙이 많고 새콤달콤하다.

포멜로 Pomelo

태국어 : 쏨오 **시즌** : 8~11월
사람 얼굴만큼 큰 귤. 첫맛은 오렌지처럼 향긋하고 끝 맛은 자몽처럼 떫으면서 상큼하다. 껍질을 손으로 벗기기 힘들기 때문에 과육만 손질해 포장 판매하는 제품을 사는 것이 좋다. 샐러드로도 즐겨 먹는데, 얌쏨오라고 한다.

로즈 애플 Rose Apple

태국어 : 촘푸 시즌 : 연중
왁스 애플이라고도 한다. 서양배처럼 생겼
지만 녹색과 분홍색을 띠며 껍질이 반들
반들하다. 보통 껍질은 그냥 먹는다. 아삭
아삭 씹는 맛이 일품이며 즙이 아주 많다.

바나나 Banana

태국어 : 끌루어이 시즌 : 연중
종류가 다양하다. 길쭉한 끌루어이홈,
몽키 바나나 끌루어이남와를 주로 먹는다.
그냥도 먹지만 튀기거나 구워 먹기도 한다.
바나나 잎은 찜이나 구이의 재료를 감싸는
데 사용하며, 줄기는 러이끄라통 축제 때
끄라통 재료로 쓴다.

파인애플 Pineapple

태국어 : 쌉빠롯 시즌 : 4~6월, 12~1월
길거리 과일 장수의 단골 메뉴. 흔하지만
달콤하고 맛있다. 카우팟 쌉빠롯이라는 볶
음밥으로도 선보이는데, 파인애플 껍질을
볶음밥 담는 용기로 사용한다.

수박 Watermelon

태국어 : 땡모 시즌 : 연중
한국의 수박 맛과 다를 게 없다. 파파야, 파
인애플과 더불어 뷔페 디저트 과일로 주로
나오며, 수박주스인 땡모빤을 즐겨 먹는다.

귤 Tangerine

태국어 : 쏨키여우완 시즌 : 9~2월
한국의 귤과는 또 다르게 묵직한 달콤
함이 느껴진다. 길거리에서 착즙해 판매하
는 100% 주스로 즐겨 먹는다.

코코넛 Coconut

태국어 : 마프라오 시즌 : 연중
야자 열매. 생으로 즙을 마시지 않더라도
다양한 태국 요리에 사용하는 코코넛
밀크의 재료인 까닭에 한 번 이상은 반드시
먹게 된다. 코코넛 아이스크림, 말린 코코넛
형태로도 판매한다.

석가 Custard Apple

태국어 : 너이나 **시즌** : 6~9월

부처의 머리와 닮았다고 해 석가라고 한다. 껍질이 물컹거려 반으로 잘라 숟가락으로 떠먹으면 좋다. 과육은 하얗고 씨가 많은 편. 코코넛처럼 고소하고 코코넛보다 달다.

구아바 Guava

태국어 : 파랑 **시즌** : 연중

길거리 과일 가게의 단골 메뉴. 오래되어 말랑한 것보다 단단한 구아바가 시지만 맛있다. 단맛이 거의 없어 소금과 설탕을 섞은 양념에 찍어 먹는다.

롱꽁 Longkong

태국어 : 렁껑 **시즌** : 7~10월

동그랗고 끝이 길쭉한 황토색 열매가 포도 송이처럼 달려 있다. 손으로 껍질을 벗기면 반투명한 젤리 상태의 과육이 나온다. 언뜻 람부탄이나 용안과 비슷해 보이지만 과육이 마늘처럼 나뉘어 있다. 씨는 그리 크지 않으며, 달콤하고 즙이 많다.

용안 Longan

태국어 : 람야이 **시즌** : 6~8월

과육 안에 검은 씨가 있어 용안이라고 한다. 포도송이처럼 생긴 황토색 과일로 손으로 껍질을 벗기면 반투명한 젤리 상태의 과육이 나온다. 단맛이 아주 강한 열대 과일의 정석이다.

잭프루트 Jackfruit

태국어 : 카눈 **시즌** : 연중

두리안과 비슷하게 생겼지만 껍질의 돌기가 확연히 다르다. 과육은 노란색으로 쫄깃쫄깃하다. 거대한 크기가 특징으로 30kg이 넘는 것도 있다고 한다. 과육만 발라놓은 제품을 구매하는 게 현명하다.

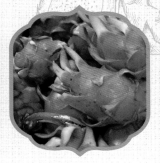

드래건 프루트 Dragon Fruit

태국어 : 깨우망껀 **시즌** : 연중

선인장 열매로, 용과라고도 한다. 짙은 분홍색의 화려한 껍질과 희고 검은 씨가 박혀 있는 과육이 특징이다. 식감은 키위와 비슷하지만 새콤달콤한 맛은 키위에 미치지 못한다. 시원하게 해서 먹으면 소화 촉진제 역할을 한다.

중독성 강한
태국 요리의 세계
태국 대표 요리
BEST 7

똠얌꿍, 뿌팟퐁까리, 팟타이, 쑤끼, 태국 카레 깽, 꾸어이띠여우, 쏨땀은 한 번쯤은 경험해봐야 할 태국 대표 요리다. 전문점에서 판매하는 쑤끼와 꾸어이띠여우를 제외하고는 보통 태국 레스토랑에서 선보이지만, 각 메뉴를 특히 잘하는 레스토랑은 따로 있다. 야무진 미식 여행을 위해 태국 대표 요리와 추천 레스토랑을 소개한다.

대표 요리 1 **똠얌꿍**

태국식 새우 수프로, 세계 3대 요리로 꼽힐 만큼 태국을 대표하는 요리

똠얌꿍
Tom Yam Goong
490B+17%

똠얌꿍
Tom Yam Koong Bowl 230B+10%

똠얌꿍
Seafood Lemon Grass Soup
with Milk 150B

---

1 나라 Nara Thai Cuisine
한입 뜨는 순간 감탄사가 절로
나오게 하는 나라의 추천 메뉴.
크고 신선한 새우를 사용하며, 신선한
코코넛 밀크 덕분인지 맛이 매우 깊다.
갈수록 조금 짜다는 느낌은 마이너스
요소. 가격대는 높은 편이다.
2권 ◉ INFO p.056 ◉ MAP p.054C

2 반 쿤매
Ban Khun Mae
บ้านคุณแม่
오랜 세월 동안 정통 태국 요리로
사랑받아 온 레스토랑답다. 모든 요리가
기본 이상의 맛을 자랑하며, 똠얌
꿍도 그렇다. 2명 이하라면 그릇(Bowl),
그 이상은 냄비(Pot)로 주문하면 된다.
2권 ◉ INFO p.044 ◉ MAP p.034F

3 T & K 시푸드
T & K Seafood
ต้อย & เค ซีฟู้ด
저렴하지만 알차다. 작은 사이즈를
주문해도 2~3명이 즐길 수 있을 정도로
양이 넉넉하다. 맛 또한 나무랄 데가
없다. 뿌팟퐁까리, 꿍파우 등과 함께
사이드 메뉴로 즐기기에 아주 좋다.
2권 ◉ INFO p.159 ◉ MAP p.155G

대표 요리 2 **뿌팟퐁까리**
카레를 넣어 볶은 게 요리

게 커리
Fried Curry Crab
380B

뿌팟퐁까리
Crab with Curry powder **390B**

뿌팟퐁까리
Fried Curry Crab
S 460B +7%

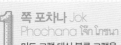

1 쪽 포차나 Jok Phochana โจ๊ก โภชนา
머드 크랩 대신 블루 크랩을 사용해 게살이 풍성한 편은 아니나 양념 맛은 아주 좋다. 밥에 비벼 한 끼를 즐기기에 손색이 없다. 한국어 메뉴판까지 갖추고 한국인에게 호의적인 것도 장점이다.

2권 ⓘ INFO p.150 ◉ MAP p.148F

2 쑤다 포차나 Suda Restaurant สุดาโภชนา
게살 통조림을 이용해 뿌팟 퐁까리를 선보인다. 통조림의 단점은 어마어마한 양과 합리적인 가격이 커버한다. 밥과 함께 뿌팟퐁까리와 간단한 채소볶음 정도만 주문해도 풍성하게 한 끼 식사를 할 수 있다.

2권 ⓘ INFO p.072 ◉ MAP p.066F

3 쏨분 시푸드 Somboon Seafood สมบูรณ์โภชนา
뿌팟퐁까리에 있어서는 부연 설명이 필요 없는 해산물 전문점. 신선한 머드 크랩을 사용해 합리적인 가격으로 뿌팟퐁까리를 선보인다. 싸얌 스퀘어 원과 센트럴 앰버시 지점은 접근성 면에서도 훌륭하다.

2권 ⓘ INFO p.038 ◉ MAP p.035K

뿌팟퐁까리
Stir Fried Crab with Curry
Powder S 400B

뿌팟퐁까리
Stir Fried Curry Crab
230B/100g +10%

느어뿌팟퐁까리
Stir Fried Crab Meat with Curry Powder
530B

T & K 시푸드
T & K Seafood
ต้อย & คิด ซีฟู้ด

가격 대비 최상의 뿌팟퐁까리를 즐길
수 있는 해산물 전문점 중 하나다.
차이나타운이라는 위치적인 단점, 긴
대기 시간과 좁은 테이블 등이 아쉽지만,
신선한 재료로 만든 요리의 맛과 가격은
일품이다.

2권 ⓘ INFO p.159 ◉ MAP p.155G

사보이 시푸드
Savoey เสวย

머드 크랩 한 마리를 통째로
넣은 뿌팟퐁까리를 선보인다. 단아한
인테리어와 테이블 세팅도 돋보인다.
가격대는 조금 높은 편. 소란스럽지 않게
식사에 집중하며 맛을 즐기고 싶다면
후회 없는 선택이다.

2권 ⓘ INFO p.056 ◉ MAP p.054D

크루아압쏜
Krua Apsorn ครัวอัปษร

직접 게살을 발라 뿌팟퐁까리를
요리하는 곳으로, 재료 본연의 맛과
편리함을 동시에 누릴 수 있다. 간은
그리 세지 않고 심심한 편. 매운 소스를
넣어 볶은 조개, 해산물 요리와 함께하면
균형이 잘 맞는다.

2권 ⓘ INFO p.143 ◉ MAP p.139C

대표 요리 3 **꾸어이띠여우**

태국 국수. 육수와 면에 따라 이름이 달라진다.

꾸어이띠여우 똠얌 행
Tom Yum without Soup **60B**

꾸어이띠여우 **렉행**
ก๋วยเตี๋ยว เล็กแห้ง **50B**

꾸어이짭
ก๋วยจั๊บ **70B**

1 룽르앙 เจ้เรือง 榮泰
뒤돌아서면 생각나는 중독성 있는 똠얌 국수. 입안에서 신맛과 매운맛, 단맛의 향연이 펼쳐진다. 각종 돼지고기 고명도 아주 신선하다. 국물이 있는 똠얌 남, 국물이 없는 똠얌 행 모두 추천 메뉴다.

2권 ⓘ INFO p.074 ⓜ MAP p.067G

2 쏨쏭 포차나 สมทรงโภชนา
쑤코타이에 가지 않고도 쑤코타이 국수를 맛볼 수 있다는 사실 자체가 얼마나 행운인지. 국수 마니아라면 꼭 방문해보길 추천한다. 기본적으로 음식을 잘하는 집으로, 입구에 진열해놓고 판매하는 반찬도 아주 맛있다.

2권 ⓘ INFO p.150 ⓜ MAP p.148E

3 란 꾸어이짭 나이엑 ร้านก๋วยจั๊บนายเอ็ก
술 마신 후 해장으로 생각나는 돼지고기 국수. 후추를 넣은 국물이 매콤하고 시원하다. 카오산에 자리한 쿤댕 꾸어이짭유안을 사랑한다면 꼭 가볼 일이다. 꾸어이짭의 진수가 무엇인지 보여준다.

2권 ⓘ INFO p.160 ⓜ MAP p.155G

바미끼여우 무댕
Egg Noodles+Prawns & Pork
Wonton+Roasted Pork **60B**

바미끼여우 무끄럽
Egg Noodles+Prawns & Pork
Wonton+Crispy Roasted Pork
70B

카우쏘이 까이
ข้าวซอยไก่ **50B**

꾸어이띠여우 느어쁘어이
Stewed Beef Soup **100B**

---

4 바미콘쌜리 บะหมี่คนแซ่ลี้
면을 직접 뽑고, 국물의 간이
센 편이다. 간이 적당한 음식을
사랑해서인지 다른 바미 국숫집보다
입맛이 당긴다. BTS 텅러 역과 아주
가까워 지나는 길에 들르기에도 나쁘지
않다.

2권 ⓘ **INFO** p.084 ⊙ **MAP** p.082E

5 나이쏘이 นายโส่ย
한국인들이 워낙 많이 찾는
집이라 호불호에 대한 의견이
팽팽하다. 개인적으로는 양도, 가격도
적당하다고 여겨진다. 지나치게 짠
국물은 아쉽다. 그런데 남은 국물에
밥을 말아 먹고 있는 자신을 발견하곤
한다.

2권 ⓘ **INFO** p.133 ⊙ **MAP** p.128B

**6 카우쏘이 치앙마이
쑤팝(짜우까우)**
ข้าวซอยเชียงใหม่ สุภาพ(เจ้าเก่า)
카우쏘이 한 그릇으로 치앙마이로
여행을 떠난 듯한 기분이 든다. 제대로
된 카우쏘이를 치앙마이 현지 가격으로
맛볼 수 있으니 이보다 좋은 수 없다.
북부를 대표하는 또 다른 국수인
남니여우도 판매한다.

2권 ⓘ **INFO** p.151 ⊙ **MAP** p.148B

대표 요리 4 **팟타이**

가장 유명한 볶음국수. 새콤, 달콤, 매콤, 짭짤한 맛이 어우러져 균형을 이룬다.

팟타이 쎈짠 만꿍 싸이카이
Basic Padthai **90B**

팟타이 꿍
Pad Thai with Shrimp **70B**

팟타이 꿍쏫
Pad-Thai-Kung-Sod **120B**

1 팁싸마이
Thipsamai ทิพย์สมัย

말이 필요 없다. 팟타이의 정석을 보여주는 팟타이 전국구 맛집이다. 기름과 설탕에 절어 있는 팟타이와는 급과 격이 다른 팟타이를 맛보고 싶다면 반드시 들르자. 오렌지 주스도 인기다.

2권 ⓘ INFO p.144 ⓜ MAP p.139H

2 허이텃 차우레
Hoi-Tod Chaw-Lae หอยทอดชาวเล

텅러 입구의 작은 가게. 입구에 신선한 해산물을 쌓아놓고 볶음 요리를 하는 집이다. 대표 요리는 팟타이와 전. 팟타이는 생새우를 넣어 볶는 팟타이 꿍쏫, 해산물을 넣어 볶는 팟타이 시푸드가 있다.

2권 ⓘ INFO p.085 ⓜ MAP p.082E

3 나와 팟타이
Nava Pad Thai นาวาผัดไทย

지나던 동네 아주머니가 '팟타이 아러이(팟타이 맛있어)'라며 추천해준 곳이다. 팟타이의 단맛이 강한 편인데 이는 '마이싸이 남딴(설탕 빼주세요)'으로 해결하면 된다. 볶음 요리가 맛있고 가격도 저렴하다.

2권 ⓘ INFO p.150 ⓜ MAP p.148F

육수에 채소, 해산물, 육류를 데쳐 먹는 요리. 샤부샤부라고 보면 된다.

촛쑤끼콤보
Combo Set
1055B

MK Gold 쑤끼쎗
MK Gold Suki Set
699B +17%

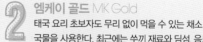

코카 레스토랑 Coca Restaurant

똠얌, 싱가포르 바쿠테, 생선, 인삼, 채소 등으로 만든 다양한 육수를 즐길 수 있다. 냄비를 반반 나누는 원앙탕(인양)도 가능하다. 제대로 된 원조 쑤끼를 맛보려면 코카 레스토랑이 제격이다. 육수 가격은 별도.

2권 ⑧ **INFO** p.101 ◎ **MAP** p.097G

엠케이 골드 MK Gold

태국 요리 초보자도 무리 없이 먹을 수 있는 채소 국물을 사용한다. 최근에는 쑤끼 재료와 딤섬, 음료를 무제한으로 선택할 수 있는 뷔페 메뉴도 선보였다. 싸얌 파라곤 지점에는 뷔페 메뉴가 없다.

2권 ⑧ **INFO** p.040 ◎ **MAP** p.035H

대표 요리 6 **깽**

태국 카레. 레드 카레 깽펫, 그린 카레 깽키여우, 옐로 카레 깽까리, 페낭 카레 등이 있다.

깽마싸만 느어
Massaman Curry with
Beef 450B +17%

마싸만 무 로띠
Massaman Pork
Curry served with
Roti 225B +17%

마싸만 까이
Chicken Thai Massaman
85B

1 더 로컬 The Local
by Oam Thong Thai
Cuisine
고급 레스토랑답게 모든 요리가
정갈하고 맛있다. 마싸만 카레도
마찬가지. 태국 카레 중에서도 한국인
입맛에 잘 맞는다. 남부 대표 요리인
카레를 비롯해 지역별 요리도 주문
가능하다.

2권 ⓘ INFO p.072 ⓜ MAP p.066B

2 딸링쁠링
Taling Pling ตะลิงปลิง
마싸만 카레를 로띠와 함께
낸다. 기름지지 않고 담백한 맛은 기본,
적당한 양과 합리적인 가격의 삼박자를
두루 갖췄다. 혼자 찾는다면 팟타이,
볶음밥, 덮밥 등 단품 메뉴도 괜찮다.
정갈하게 서빙한다는 것도 장점.

2권 ⓘ INFO p.040 ⓜ MAP p.035H

3 로띠 마따바
Roti-Mataba โรตี มะตะบะ
무슬림 음식이자 남부 지방
요리인 로띠와 마따바 전문점. 남부
지방을 대표하는 요리인 카레도 함께
판매한다. 깔끔한 맛의 마싸만 카레는
플레인 로띠와 함께 즐기기에 제격이다.

2권 ⓘ INFO p.133 ⓜ MAP p.129C

파파야 샐러드. 이싼 지방에서 시작해 지금은 태국 전역에서 즐기는 국민 요리다.

땀타이
Original Styled Thai Spicy
Papaya Salad **80B+17%**

쏨땀타이 깝꿍매남양
Papaya Salad with Grilled
White Tiger Prawn
260B +17%

땀뿌쁠라라
Fermented Fish and Salted Crab
Papaya Salad **95B +10%**

---

1 **쏨땀 더 Somtum Der**
ส้มตำ เด้อ

쏨땀의 오리지널 타이 버전인 땀타이. 가장 무난하게 즐길 수 있는 쏨땀이다. 튀김 · 구이 메뉴와 더불어 카우니여우(찹쌀밥) 혹은 카놈찐(쌀소면)을 곁들이면 밥상이 풍성하다.

2권 ⓘ INFO p.101 ⊙ MAP p.097H

2 **더 덱 The Deck**

쏨땀타이에 구운 민물새우를 올린 메뉴. 쏨땀 치고는 가격이 꽤 비싼 편이지만, 깔끔한 맛과 비주얼 모두 합격점을 받을 만하다. 왓 아룬 조망 식당인 더 덱은 모든 요리가 아주 맛있다.

2권 ⓘ INFO p.123 ⊙ MAP p.114J

3 **반 쏨땀 Baan Somtum**
บ้าน ส้มตำ

쏨땀 종류만 무려 30여 가지에 이르는 반 쏨땀에서 주문한 땀뿌쁠라라. 젓갈이 듬뿍 들어간 쏨땀이다. 이싼 요리 전문점이라면 반드시 선보이는 메뉴로 젓갈을 즐긴다면 도전해보자.

2권 ⓘ INFO p.106 ⊙ MAP p.096J

MANUAL 08
국수

'면 덕후' 모여라!
매력 만점 태국 국수 열전

태국 어디에서나 쉽게 먹을 수 있는 국민 음식. 다양한 육수와 고명이
어우러져 무궁무진한 국수의 세계가 펼쳐진다. 무작정 '누들'이나
'팟타이'만 외치면 만나지 못할 국수의 세계로 떠나보자.

볶음

가장 유명한 볶음국수. 보통 굵기의 면을
불려 센 불에 볶는다. 타마린드의 신맛,
고춧가루의 매운맛, 팜슈거의 단맛, 액젓의
짠맛이 어우러져 맛의 균형을 이룬다.
땅콩으로 고소한 맛을 더하며 달걀은 넣어
먹어도 되고 빼도 된다. 팟타이 전문점,
노점, 태국 요리 레스토랑에서 판매한다.

팟타이

쎈야이(넓은 면)를 사용하며 간장과 달걀을 넣어 볶는다.
전반적으로 팟타이와 비슷하지만 숙주 대신 카나라는 채소를
사용하며, 땅콩을 넣지 않는다.

랏나

그레이비소스를 넣어 되직하게
볶은 국수, 돼지고기, 닭고기,
소고기, 해산물 등을 고명으로
올리며, 주로 쎈야이를 사용한다.

팟씨이우

고추와 생후추를 듬뿍 넣어 볶아 맵다.
현지인들은 해장용으로 즐긴다.

팟키마우

소면

소면처럼 생긴 쌀국수. 레스토랑에서는
일반적으로 카레와 함께 국수를
내는 '카놈찐 남야'를 선보인다. 쏨땀
전문점에서도 카놈찐을 판매하는데,
쏨땀에 카놈찐을 넣어 비벼 먹는다.
애초에 카놈찐을 넣어 만든 쏨땀은
'땀쑤어'라 한다.

카놈찐

국물 & 비빔

꾸어이띠여우 남싸이

남싸이는 '맑은 물'이라는 뜻으로 맑은 육수에 말아내는 국수다. 돼지고기, 닭고기, 소 뼈 등으로 육수를 우려내며 소금, 후추, 설탕, 마늘 등을 첨가한다. 육류, 어묵 등 집집마다 다양한 고명을 선보인다. 돼지고기는 '꾸어이띠여우 무남싸이', 소고기는 '꾸어이띠여우 느어남싸이' 등으로 이름이 바뀐다. 국수 초보자들도 부담 없이 즐길 수 있는 메뉴다.

옌따포

옌따포는 발효 두부장, 마늘 피클, 케첩 등을 재료로 만든 소스. 옌따포소스를 넣으면 국물이 달콤해지고 분홍빛이 돈다. 맛은 달콤, 새콤, 짭짤하다. 어묵, 중국식 만두인 끼여우 튀김, 모닝글로리 등을 고명으로 올린다.

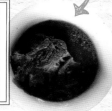

꾸어이띠여우 남똑

육수에 돼지고기 혹은 소고기의 피를 넣은 국수. '꾸어이띠여우 남똑 무'는 돼지고기, '꾸어이띠여우 남똑 느어'는 소고기 국수다. '꾸어이띠여우 르아' 전문점에서 무조건 먹을 수 있다. 르아는 '배'라는 의미로 영어로 '보트 누들(Boat Noodle)'이라고 한다. 옛날 국수 장수들이 배를 타고 수로에서 판매하던 국수에서 유래했다. 국수 그릇이 매우 작고, 양도 적어 몇 그릇은 기본으로 먹어야 한다.

꾸어이띠여우 똠얌

꾸어이띠여우 남싸이 육수에 똠얌 양념을 한다. 기름이 있는 고추 양념인 남프릭파오와 타마린드 혹은 라임, 액젓 등을 넣는다. 돼지고기와 돼지 내장, 어묵, 해산물 등을 고명으로 올린다. 국물 없는 비빔면은 '꾸어이띠여우 똠얌 행'이라고 한다.

태국 북부를 대표하는 국수. 바미 면 혹은 쌀로 만든 면을 칼국수처럼 잘라 카레 국물에 말아 먹는다. 고명으로 소고기나 닭고기를 올린다.

고기를 넣어 끓인 간장 육수. 소고기는 '꾸어이띠여우 느어뚠', 돼지고기는 '꾸어이띠여우 무뚠' 등으로 이름이 달라진다.

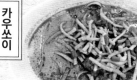

카우쏘이

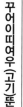

꾸어이띠여우 (고기)뚠

꾸어이짭

진한 돼지고기 육수 국수. 후추를 듬뿍 넣어 매콤하다. 전문점에서 판매하며 일반 면 대신 꾸어이짭 혹은 끼엠이 면을 사용한다. 꾸어이짭은 넓적하고, 끼엠이는 파스타 면 페투치네처럼 생겼다. 고명으로 돼지고기, 돼지고기 볼 등을 올린다. 차이나타운에 꾸어이짭 전문점이 많다.

태국 국수 주문하는 방법

1. 국수 종류를 선택한다. 한 가지 국수만 판매하는 전문점이라면 이 과정은 생략한다.

2. 면을 선택한다. 일반적인 쌀국수 면 외에 꾸어이짬 전문점에서는 꾸어이짬 혹은 끼엠이 면을 사용한다. 바미 면만 사용하는 중화 국수 전문점에서는 중국식 만두인 끼여우를 선택할 수 있다. 면 없이 국물에 밥을 말아 먹으려면 '까우라우'라고 말하자.

3. 국물 유무를 선택한다. 국물이 있는 국수는 '꾸어이띠여우 남', 국물이 없는 국수는 '꾸어이띠여우 행'이라고 한다.

4. 국수가 나오면 입맛에 맞게 양념해 먹는다. 일반적으로 고춧가루, 설탕, 액젓, 고추를 넣은 식초로 구성된 양념 세트가 테이블마다 놓여 있다.

고명 종류

국수 종류에 따라 다른 고명을 사용하며, 같은 종류의 국수라 하더라도 집집마다 다른 고명을 올리기도 한다. 채소는 마지막에 올리며 숙주와 고수를 주로 사용한다. 특별히 원하지 않는 고명이 있다면 '마이싸이(+고명 이름)' 이라고 말하자.

돼지고기 무. 돼지고기 볼은 룩친무
소고기 느어. 소고기 볼은 룩친느어
닭고기 까이
오리고기 뻿
내장 크릉나이(일반적으로 돼지 내장을 사용한다)
어묵 룩친쁠라
고수 팍치

면 종류

쎈야이, 쎈렉, 쎈미, 바미가 가장 많이 쓰인다. 어떤 면이 좋다고 평가하기 어려우므로 취향에 따라 선택하자. 국숫집에 따라 다양한 면을 갖춰놓기도 하고, 한 가지 면만 취급하기도 한다.

쎈야이 넓은 면. 쌀국수.
쎈렉 보통 면. 쌀국수.
쎈미 가는 면. 쌀국수.
바미 중화 면. 밀가루와 달걀로 만든다.
끼여우 중국식 만두.
운쎈 당면. 국수로도 즐기지만 샐러드에 주로 쓰인다.
끼엠이 페투치네처럼 생긴 짧은 롤 모양의 쌀 면. 꾸어이짬에 즐겨 쓰인다.
카놈찐 쌀가루로 만든 소면.

토크SAY
태국 국수는 모두 쌀국수?

쌀국수가 대세지만 다는 아니다. 밀가루에 달걀을 넣어 빚어 노란빛을 띠는 바미 면은 국숫집에서 일반적으로 선택할 수 있는 면. 오리 국수 전문점에는 쌀국수는 준비하지 않고 바미 면만 취급하는 경우도 많다. 이런 집에서 선택할 수 있는 국수는 바미 면과 끼여우. 끼여우는 돼지고기나 새우를 소로 넣은 작은 중국식 만두다. 취향에 따라 바미 면, 바미 면+끼여우, 끼여우를 선택하면 된다.

쉐! 비밀
알아두면 좋은 국수 주문 용어

보통: 탐마다
곱빼기: 피쎗

2권 ⓘ INFO p.074
⦿ MAP p.067G

추천 꾸어이띠여우 똠얌, 꾸어이띠여우 똠얌 행

입맛 사로잡는 똠얌 국수
룽르앙 รุ่งเรือง 榮泰

주문 순서

✓ **국수 종류 선택** 꾸어이띠여우 똠얌
남 · 똠얌 행 · 무남싸이
✓ **면 선택** 쎈야이, 쎈렉, 쎈미, 바미,
운쎈, 끼엠이
✓ **사이즈 선택**

꾸어이띠여우 무남싸이

돼지고기와 돼지고기 내장, 어묵을
넣어 국수를 만든다. 국수 종류는 크게
레몬과 매운 소스를 넣은 **똠얌**과 맑은
국물의 남싸이. 맑은 국물도 좋지만
매운맛과 감칠맛이 어우러진 **똠얌**이
아주 괜찮다. **똠얌**은 국물이 있는 **똠
얌**(남)과 국물이 없는 **똠얌** 행으로
주문할 수 있다. 양이 그리 많지 않아
두 종류를 모두 즐기는 이들이 많다.
돼지고기와 부속 재료를 사용한 토핑은
신선하고 풍부하다.

꾸어이띠여우 똠얌 행

꾸어이띠여우 똠얌

⦿ **찾아가기** BTS 프롬퐁 역 4번 출구에서
뒤돌아 200m. 쑤쿰윗 쏘이 26으로 우회전해
130m 지나 오른쪽 모퉁이에 위치한다. 간판에
태국어와 '榮泰'이라는 한자가 적혀 있다.
🏠 **주소** 10/3 Sukhumvit Soi 26
🕐 **시간** 08:00~17:00
⊖ **휴무** 연중무휴 ฿ **가격** 꾸어이띠여우
똠얌(Tom Yum with Soup) · 꾸어이띠여우
똠얌 행(Tom Yum without Soup) · 꾸어
이띠여우 무남싸이(Clear Soup) 각 60 · 70 · 80B
🌐 **홈페이지** www.facebook.com/
RungRueangtung26

2권 ⓘ INFO p.150
⦿ MAP p.148E

추천 꾸어이띠여우 쑤코타이

방콕에서 맛보는 쑤코타이 국수
쏨쏭 포차나 สมทรงโภชนา

주문 순서

✓ **국수 종류 선택** 꾸어이띠여우 행 · 똠쯧 · 남똠얌
✓ **면 선택** 쎈야이, 쎈렉, 쎈미, 바미, 운쎈
✓ **사이즈 선택**

꾸어이띠여우 남똠얌

쌈쎈 골목 한편에 자리한 현지 식당.
쑤코타이 스타일의 국수와 덮밥
또는 반찬으로 즐길 수 있는 요리를
판매한다. 대표 메뉴인 쑤코타이 국수는
비빔국수 꾸어이띠여우 행, 국물이
맑은 꾸어이띠여우 똠쯧, 똠얌 수프
꾸어이띠여우 남똠얌이 있다. 메뉴에는
렉행, 렉똠쯧, 렉남똠얌이 적혀 있는데,
보통 면인 쎈렉을 사용한다는 뜻이다.
면은 여러 종류 중 선택 가능하다.
고명으로는 돼지고기, 롱빈 등을 올린다.

꾸어이띠여우 행

⦿ **찾아가기** 쌈쎈 다리 건너 110m 지나 쌈쎈
쏘이 1(Samsen Soi 1)로 좌회전. 280m 지나
쏘이 람푸(Soi Lamphu)로 좌회전. 식당 밖에
간판이 없지만 태국어와 'Sukhothai Rice
Noodles'라고 쓴 입간판이 있다.
🏠 **주소** 112 Samsen Soi 1
🕐 **시간** 10:00~15:30
⊖ **휴무** 연중무휴 ฿ **가격** 꾸어이띠여우
쑤코타이 50B 🌐 **홈페이지**
www.facebook.com/Somsongpochana

2권 ⓑ INFO p.084
⦿ MAP p.082C

추천 꾸어이띠여우 무남

현지 분위기 물씬 풍기는 국수 전문점

쌔우 (쑤쿰윗 쏘이 49) แซ่ว

주문 순서

✓ **국수 종류 선택** 꾸어이띠여우 행 · 남 · 똠얌, 꾸어이띠여우 따우후, 옌따포
✓ **면 선택** 쎈야이, 쎈렉, 쎈미, 바미, 운쎈, 끼엡이
✓ **사이즈 선택**

꾸어이띠여우 똠얌 행

돼지고기 국수인 꾸어이띠여우 무를 선보인다. 고명으로는 돼지고기, 다진 돼지고기, 어묵을 올린다. 비빔국수 꾸어이띠여우 행, 맑은 수프 꾸어이띠여우 남, **똠얌** 수프 꾸어이띠여우 **똠얌** 중 선택 가능하다. 두부 국수 꾸어이띠여우 따우후는 행 · 남 · **똠얌**으로, 옌따포는 행 · 남으로 먹을 수 있다. 영어나 사진으로 된 메뉴가 없어 메뉴와 관련된 단어를 어느 정도 알고 가야 주문에 어려움이 없다.

◎ **찾아가기** BTS 텅러 역 1번 출구에서 350m 직진. 쑤쿰윗 쏘이 49로 우회전해 40m 지나 왼쪽에 위치한다. 세븐일레븐 지나자마자 바로 보인다. 간판은 태국어로만 돼 있다.
ⓐ **주소** Sukhumvit Road Soi 49
ⓛ **시간** 07:30~16:30
⊖ **휴무** 연중무휴 ⓑ **가격** 꾸어이띠여우 행 · 남 · 똠얌 각 70 · 80 · 90 · 100B
⊛ **홈페이지** 없음

꾸어이띠여우 남

2권 ⓑ INFO p.132
⦿ MAP p.082C

추천 오리지널, 옌따포

카오산의 유명 어묵 국수집

찌라 옌따포 จิระเย็นตาโฟ

주문 순서

✓ **면 선택** 쎈야이, 쎈렉, 쎈미, 바미
✓ **국물 선택** 오리지널, 옌따포, 똠얌, 갈릭&오일
✓ **사이즈 선택**

수제 생선살 어묵

방람푸에 자리한 어묵 국수 가게. 늘 손님이 많다. 옌따포를 비롯해 국물이 맑은 오리지널, 똠얌 등 다양한 국물을 선보인다. 국물은 간이 조금 센 편. 고명으로는 어묵, 끼여우 튀김, 모닝글로리를 올린다. 주문은 어렵지 않다. 한국어 메뉴판의 순서대로 면, 국물, 사이즈를 선택하면 된다. 고명의 양이 부족하다면 수제 생선살 어묵을 주문하자.

오리지널

옌따포

◎ **찾아가기** 차나 쏭크람 경찰서에서 짜끄라퐁 로드로 170m. 큰길 왼쪽 안경점을 바라보고 왼쪽 집. 간판은 태국어로만 돼 있다.
ⓐ **주소** 121 Chakrabongse Road
ⓛ **시간** 목~화요일 08:30~15:00
⊖ **휴무** 수요일
ⓑ **가격** 스몰 70B, 라지 80B, 수제 생선살 어묵 80B ⊛ **홈페이지** www.facebook.com/ JiRaYentafo

2권 ⓑ INFO p.085
ⓞ MAP p.082E

추천 **팟타이**

신선한 해산물 팟타이
허이텃 차우레 Hoi-Tod Chaw-Lae หอยทอดชาวเล

주문 순서
- ✓ 메뉴 선택
- ✓ 사이즈 선택

텅러 입구의 작은 가게. 입구에 신선한
해산물을 쌓아놓고 볶음 요리를 하는
집이다. 대표 요리는 바삭하게 부쳐내는
태국식 전 요리 텃끄럽과 볶음국수
팟타이. 홍합, 굴, 홍합과 굴, 해산물,
새우, 오징어, 생선(쁠라까퐁) 텃끄럽과
건새우, 치킨, 새우, 해산물 팟타이가
있다. 부드러운 굴전 어쑤언과 바삭한
굴전 어루어도 판매한다. 신선한
해산물을 사용해 맛이 풍부하다.

팟타이 꿍쏫

허이말랭푸 텃끄럽

ⓞ **찾아가기** BTS 텅러 역 3번 출구에서
뒤돌아 직진, 횡단보도가 나오면 텅러
방면으로 좌회전해 65m 왼쪽
ⓐ **주소** 25 Sukhumvit Soi 55
⏱ **시간** 08:00~22:30
⊖ **휴무** 연중무휴
ⓑ **가격** 허이말랭푸 텃끄럽(Mussels
Crispy Fried Pancake) 90 · 110B, 팟타이
꿍쏫(Shrimps Pad Thai) 120 · 140B
ⓢ **홈페이지** www.facebook.com/
HoitodchawlaeThonglor

2권 ⓑ INFO p.161
ⓞ MAP p.155C

추천 **쿠어까이, 업까이**

인절미 맛의 구운 국수
앤 꾸어이띠여우 쿠어까이
Ann Guay Tiew Kua Gai แอนก๋วยเตี๋ยวคั่วไก่

주문 순서
- ✓ 메뉴 선택
- ✓ 면 선택 쎈렉, 쎈야이, 쎈미, 바미

업까이

꾸어이띠여우 쿠어까이는 치킨이 들어간
구운 쌀국수다. 볶음국수와는 또 다른 맛의
신세계로 겉은 바삭하고 속은 촉촉해 구운
인절미 같은 익숙한 맛을 낸다. 중국의
죽에서 유래해 국수로 변형된 이 요리는
차이나타운 인근에서 주로 맛볼 수 있다.
차이나타운에서도 쁠랍플라차이(Phlapphla
Chai)에 전문점이 많으며 그 가운데에서도 이
집이 유명하다. 함께 들어가는 달걀의 익힘
정도에 따라 쿠어까이와 업까이로 구분하며,
들어가는 재료에 따라 쿠어무(돼지고기),
쿠어쁠라믁(오징어) 등으로 이름이 달라진다.

남까이

ⓞ **찾아가기** 왓 망꼰 역에서 야오와랏 로드
반대쪽으로 650m, 도보 8분
ⓐ **주소** 419 Luang Road
⏱ **시간** 14:00~23:00 ⊖ **휴무** 연중무휴
ⓑ **가격** 쿠어까이(Fried Noodles with
Chicken) · 업까이(Fried Noodles with
Chicken and Runny Egg) 50B, 꾸어이띠여우
남까이(Chicken Noodles Soup) 50B,
낭까이텃(Crispy Fried Chicke Skin) 50B

낭까이텃

현지인들이 찾는 보물 맛집
THAI FOOD

먹는 즐거움을 아는 사람에게 한 끼는 매우 소중하다. 일상에서도 그러한데 여행에서는 말할 것도
없다. 한 끼를 망치는 건 여행의 일부를 망치는 것이다. 반대로 맛있게 먹은 한 끼는 기쁨이다.
맛있게 먹은 한 끼가 저렴하기까지 하다면 기쁨은 배가되어 추억으로 남는다. 맛있는 김치찌개를 찾아
도심 골목을 누비는 것처럼 방콕의 골목을 탐험하자.
이미 입소문이 나 외국인이 즐겨 찾는 식당도 있고, 아직은 현지인들만 찾는 곳도 있다.

세계 6대 요리 중 하나로 손꼽히는 태국 요리

태국 요리는 다양한 향신료를 첨가해 독특한 향미를 낸다. 대체로 고소하고 맵고 신맛이 나는 편이며 더위를 이기고 힘을 얻을
수 있는 음식으로 발전했다. 타이 음식은 최근 몇 년간 각광받는 요리로 떠오르고 있는데, 그 이유는 먹음직스러운 맛뿐만
아니라 채소, 고기, 과일을 썰고 잘라 예술로 승화해 눈과 코, 미각을 모두 만족시키기 때문이다.

특징 1
자극적인 맛과 열량 높은 음식

태국은 1년 내내 무더운 나라로 계절의
차이가 거의 없다. 그래서 태국 음식은
자극적인 맛과 열량을 많이 내는
쪽으로 줄곧 발전했다. 더위에 지친
민족일수록 싱겁고 순한 음식은 별
맛을 못 느끼기 때문이다. 맵고 짜고
시고 단 자극적인 맛이 모여 조화를
이루는 게 태국 음식의 가장 큰
특징이다.

특징 2
소스나 자극적인 향신료가 발달

음식이 상하기 쉬운 탓에 소스나
자극적인 향신료가 발달한 것도
특징이다. 태국 음식은 무슨 음식이든
재료를 넣고 팬에 볶은 다음 소스와
향신료를 넣고 비비는 요리법을
활용하기 때문에 까다로운 요리법이
없다. 조리법이 이렇게 간단하다 보니
음식의 서로 다른 맛을 내기 위해서는
수백 가지에 이르는 소스와 향신료에
의존한다.

특징 3
포장 음식의 발달

더운 기후와 맞벌이가 많은 가정.
사 먹는 음식 값이 집에서 조리하는
비용과 비슷하다는 이유로 태국의
가정에서는 음식을 거의 조리해 먹지
않는다. 끼니마다 밥과 반찬 한두
가지를 음식점에서 포장해 와 집에서
먹는 것이 보편적이기 때문에 포장
음식 문화가 발달했다. 이를 태국어로
'싸이퉁'이라고 하는데, '싸이'는 담다.
'퉁'은 봉지라는 뜻이다.

1 쌍완씨 สงวนศรี
태국 가정식이 궁금하다면

BTS 프런찟 역 인근 오쿠라 호텔 옆에 자리한 현지 식당이다.
족히 100년은 된 낡은 건물의 낡은 부엌에서 오랜 손맛을
자랑하는 할머니들이 완벽한 태국 가정식을 선보인다.
여행자들에게는 알려지지 않은 식당이지만 꽤 넓은 좌석은
점심시간이 되기 무섭게 가득 찬다. 줄을 서서 기다리기
싫다면 점심시간 전후에 방문하자. 오후 3시까지만 영업하며,
일요일에는 문을 닫는다. 태국어 메뉴를 사용하며, 영어 메뉴도
갖추고 있다.

👍 인기 ★★★★★	2권 ⓘ INFO p.061 ⓞ MAP p.054D	🍴 가격 ★★★	👥 혼잡도 ★★★★★	🗺 접근성 ★★★★★

◎ **찾아가기** BTS 프런찟 역 8번 출구에서 150m 직진해 왼쪽. 간판이
태국어로만 돼 있다. ◉ **주소** 59/1 Witthayu Road ⏱ **시간** 월~토요일
10:00~15:00 ⊟ **휴무** 일요일 ⑯ **가격** 카이팔러(Egg in Brown Sauce) S
70B · L 140B, 카우채(여름 한정 메뉴) 250B

2 분똥끼얏 Boon Tong Kiat
บุญทงเกียรติ
카우만까이를 즐기자

텅러 제이 애비뉴 맞은편에 자리한 현지 식당. 태국에서는
카우만까이로 불리는 싱가포르 치킨 라이스를 비롯해 다양한
중국식 메뉴를 선보인다. 식당 입구 야외 주방에 삶은 닭과
구운 오리를 걸어놓고 주문이 들어오는 대로 접시에 담아 낸다.
실내는 에어컨이 나와 쾌적하다. 가장 인기 있는 메뉴는 삶은
닭과 구운 오리를 곁들인 카우만까이+삣. 허브 향이 감도는
소스와 잘 어울린다. 갈비 무국인 숩후어차이타우를 곁들여도
아주 맛있다.

👍 인기 ★★★	2권 ⓘ INFO p.086 ⓞ MAP p.082B	🍴 가격 ★★★	👥 혼잡도 ★★★	🗺 접근성 ★★★

◎ **찾아가기** BTS 텅러 역 3번 출구에서 쑤쿰윗 쏘이 55로 진입해 빨간
버스 승차 후 제이 애비뉴 인근 쏘이 15에서 하차해 길을 건너면 된다.
◉ **주소** 440/5 Sukhumvit Soi 55
⏱ **시간** 목~화요일 09:00~21:00, 수요일 09:00~17:00 ⊟ **휴무** 연중무휴
⑯ **가격** 카우만까이+삣(Steamed Chicken and Roasted Duck
with Garlic Rice) 99B, 팟마크어야우(Stir Fried Eggplant) 120B,
숩후어차이타우(Spare Rib Soup with Chinese Radish) 65B

3 꼬앙 카우만까이 쁘라뚜남
Go-Ang Kaomunkai Pratunam

줄 서서 먹는 카우만까이

60여 년 역사를 자랑하는 닭고기덮밥 카우만까이 전문점이다. 현지인들은 물론 여행자들의 발길이 이어지는 덕분에 식사 시간이 아닌 때에도 대기가 있기 일쑤다. 여러 차례 미쉐린 가이드 빕 구르망에 선정되기도 했다. 향기롭게 지은 밥과 부드러운 닭고기가 어우러지는 카우만까이가 대표 메뉴인데 고기를 양껏 먹고 싶다면 느아까이를 주문하면 된다. 돼지고기 장조림 격인 무옵끄르아껫도 부드럽다. 접근성을 고려한다면 싸얌 파라곤 지점도 괜찮다.

4 쪽 프린스
Jok Prince โจ๊กปรินซ์ บางรัก

돼지가 죽에 빠진 날

중국 이민자가 많은 방락 지역의 인기 죽집. 돼지고기를 넣은 광둥식 죽을 60여 년에 걸쳐 선보이고 있다. 가장 기본인 쪽무는 부드러운 흰쌀 죽과 돼지고기 등심으로 빚은 포크볼로 구성된다. 죽에서 향긋한 냄새가 나는 까닭은 숯을 사용해 죽을 끓여서라고 한다. 포크볼 외에 내장, 계란, 피단 등의 고명을 선택할 수 있다. 가게 앞에서 파는 빠텅꼬(중국에서 '여우티아오'라 불리는 밀가루 튀김)를 곁들여도 좋다.

   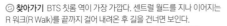

| 인기 ★★★★★ | 2권 ⊚ INFO p.063 ⊚ MAP p.054A | 가격 ★★★★★ | 혼잡도 ★★★★★ | 접근성 ★★★ |

ⓖ **찾아가기** BTS 칫롬 역이 가장 가깝다. 센트럴 월드를 지나 이어지는 R 워크(R Walk)를 끝까지 걸어 내려온 후 길을 건너면 보인다.
ⓐ **주소** 962 Phetchaburi Road ⓒ **시간** 06:00~14:00, 15:00~22:30
ⓞ **휴무** 연중무휴 ⓑ **가격** 카우만까이(Hainanese Chicken Rice)
50 · 70B, 느아까이(Hainanese Chicken) · 무옵끄르아껫(Braised
Pork) 70 · 140B, 카우만(Rice) 15B ⓒ **홈페이지** www.facebook.com/
GoAngPratunamChickenRice

| 인기 ★★★★★ | 2권 ⊚ INFO p.107 ⊚ MAP p.096I | 가격 ★★★★★ | 혼잡도 ★★★★★ | 접근성 ★★★ |

ⓖ **찾아가기** BTS 싸판딱신 역 3번 출구 이용. 짜런끄룽 로드로 진입해
250m ⓐ **주소** 1391 Charoen Krung Road
ⓒ **시간** 06:00~13:00, 15:00~23:00 ⓞ **휴무** 연중무휴
ⓑ **가격** 쪽무(Pork Congee) 45 · 55B

5 쪽 포차나
Jok Phochana โจ๊ก โภชนา
한국어 메뉴를 갖춘 현지 식당

쌈쎈 쏘이 2에 자리한 현지 식당. 카오산 로드에 머무는 여행자들이 즐겨 찾는 곳으로 입구에 한국어로 적어놓아 어렵지 않게 찾을 수 있다. 쪽 포차나의 입구는 야외 주방이다. 진열대에는 식재료를 가득 전시해놓고 주문이 들어오면 바로 요리해 준다. 대표 요리는 옐로 카레에 볶은 게 요리인 뿌팟퐁까리. 한국어 메뉴에는 '게 커리'라 적혀 있다. 머드 크랩 대신 블루 크랩을 사용하지만 맛은 괜찮다. 한국인이 즐겨 찾는 몇 가지 메뉴를 적은 한국어 메뉴판을 갖추었다.

인기 ★★★	2권 ⓘ INFO p.150 ◉ MAP p.148F	가격 ★★★	혼잡도 ★★★	접근성 ★★

ⓒ **찾아가기** 카오산 쑹크람 경찰서에서 쌈쎈 방면으로 가다가 방람푸 운하를 건너 오른쪽 첫 번째 골목인 쌈쎈 쏘이 2에서 우회전한 후 왼쪽 첫 번째 골목으로 좌회전, 600m, 도보 8분 ● **주소** 96~98 Samsen Soi 2 ⓛ **시간** 월 · 화 · 토요일 15:30~23:30, 수~금요일 16:00~23:30 ⊟ **휴무** 일요일 ⓑ **가격** 게 커리 380B, 모닝글로리 60B, 쏨땀 50B

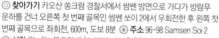

6 크루아나이반
ครัวในบ้าน
거의 모든 태국 요리의 향연

랑쑤언 로드에 자리한 저렴한 로컬 레스토랑. 카우깽처럼 반찬을 진열해 놓고 덮밥으로 판매하진 않지만 분위기는 꼭 그렇다. 마치 주방에 숨겨 놓은 반찬가게가 있는 듯하다. 그만큼 모든 요리가 빨리 나오고 메뉴가 광범위하다. '이걸 시켜도 될까?' 고민하지 말자. 간단한 볶음 · 덮밥 요리는 당연하고, 거의 모든 태국 요리가 있다고 보면 된다. 포장 주문과 함께 밥 한 그릇 뚝딱 해치우고 가는 직장인이 많다. 개별 요리 메뉴는 가격대가 있는 편이다.

인기 ★★★	2권 ⓘ INFO p.056 ◉ MAP p.054E	가격 ★★	혼잡도 ★★★	접근성 ★★

ⓒ **찾아가기** BTS 칫롬 역에서 택시 이용, 랑쑤언 로드 쏘이 7 맞은편 ● **주소** 90/2 Langsuan Road ⓛ **시간** 09:00~20:00 ⊟ **휴무** 연중무휴 ⓑ **가격** 무팟프릭깽랏카우(Stir Fried Pork with Curry on Rice) 80~100B, 어쑤언(Sizzling Oyster Omelet) 180~250B +7% ⓗ **홈페이지** www.khruanaibaan.com

7 쑤다 포차나
Suda Restaurant สุดาโภชนา
외국인이 사랑하는 현지 식당

BTS 아쏙 역 인근에 자리한 현지 레스토랑. 실내는 물론 길거리에 테이블을 놓고 영업한다. 외국 미디어에 소개가 많이 된 곳이라 손님들의 대부분이 외국인 여행자다. 한국인 여행자도 많다. 한국인들 사이에서는 호불호가 나뉜다. 지저분하다, 평범하다, 맛있다 등 제각각이다. 확실한 건 BTS 역에서 가깝고 손님이 아주 많다는 사실. 개인적으로는 '맛있다'에 한 표를 던진다. 다만 서비스에 대한 기대는 버리는 게 좋다.

8 뻐 포차야
Por Pochaya ป.โภชยา
단골손님을 부르는 맛

'여기에 식당이 있었나?' 싶은데 손님들로 바글바글하다. 알고 보니 인근 관공서 고위 관료들의 입맛까지 사로잡은 맛집이라고 한다. 한 번 가면 단골이 되고 만다는 이 집의 인기 비결은 맛과 합리적인 가격. 비싼 생선 요리도 200B을 넘지 않는 덕분에 여러 요리를 주문해도 부담이 없다. 테이블을 돌아다니며 알뜰하게 손님을 챙기는 친근한 친절도 좋다. 영업시간이 짧은 편이므로 방문 전에 확인할 필요가 있다.

 인기 ★★★★★ | 2권 ⓘ INFO p.072 ⓜ MAP p.066F | 가격 ★★★ | 혼잡도 ★★★★★ | 접근성 ★★★★★

ⓖ **찾아가기** BTS 아쏙 역 4번 출구 이용, 쑤쿰윗 쏘이 14 오른쪽 첫 번째 골목 첫 번째 가게, 도보 1분
ⓐ **주소** 6/1 Sukhumvit Soi 14 ⓛ **시간** 월~토요일 11:00~23:00
ⓗ **휴무** 일요일 ⓑ **가격** 뿌팟퐁까리(Stir Fried Crabmeat in Curry Powder) 390B, 쏨땀(Som Tum Green Papaya Salad) 80B

인기 ★★★★★ | 2권 ⓘ INFO p.144 ⓜ MAP p.139D | 가격 ★★★ | 혼잡도 ★★★★ | 접근성 ★★

ⓖ **찾아가기** 짜오프라야 익스프레스 프라람9(까우) 선착장에서 가장 가까운데 도보로 20분가량 걸린다. 카오산 로드, 민주기념탑, 쌈쎈 인근에서 찾기 좋다. ⓐ **주소** 654~656 Wisut Kasat Road
ⓛ **시간** 월~금요일 09:00~14:30 ⓗ **휴무** 토~일요일 ⓑ **가격** 팟끄라파우무(Stir Fried Pork with Sweet Basil) 80B. 팟팍루엄밋(Stir Red Baby Corn, Mushroom and Vegetable in Soy Bean Sauce) 50B, 똠얌루엄밋(Hot and Sour Soup_Seafood Combination and Mushroom) 120 · 150B, 카이찌여우뿌(Scrambled Egg with Crab Meat) 80B

노스이스트 Northeast
해산물 요리를 잘하는 이싼 식당

 짜런쌩 씨롬 เจริญแสง สีลม
우리 입맛에 잘 맞는 장조림

태국의 '노스이스트' 지방인 이싼 요리 전문점이다. 이싼 요리 중에서도 샐러드의 일종인 쏨땀과 랍 메뉴가 다양하고 맛있다. 이싼 요리 외에 뿌님팟퐁까리, 어쑤언 등 해산물 요리도 잘한다. 실내는 매우 깔끔하고 위생적이며, 시원하다. 식사 시간이면 근처 회사원들이 몰려들어 테이블이 꽉 찬다.

시로코가 있는 르부아 스테이트 빌딩 맞은편 골목에 자리한 현지 식당. 여행자들과 현지인 모두에게 아주 유명하다. 메뉴는 족발 카무. 족발을 통으로 먹으려면 카무 야이(족발 큰 것), 카무 렉(족발 작은 것)으로 주문하면 된다. 이보다는 접시로 시켜 먹는 게 부담이 없는데 이는 '카무 짠라'라고 한다. 접시로 시키는 카무는 한국의 장조림과 아주 유사하다.

| 👍 인기 ★★★★ | 2권 ⓘ INFO p.102 ⊙ MAP p.097H | 🍴 가격 ★★★ | 👥 혼잡도 ★★★★ | 📍 접근성 ★★ |

⊙ **찾아가기** MRT 룸피니 역 2번 출구 이용, 라이프 센터(Life Center) 앞에서 횡단보도 건너 직진, 350m, 도보 5분 ⊙ **주소** 1010/12~15 Rama 4 Road, Silom ⏰ **시간** 월~토요일 11:00~21:30 ⊖ **휴무** 일요일 ⑧ **가격** 쏨땀타이 카놈찐(Papaya Salad with Thai Rice Noodle & Peanut) 85B, 싸이끄럭이싼(E-saan Sausage) 150B, 뿌님팟퐁까리(Stir Fried Soft Shell Crabs with Yellow Curry Powder) 295B, 어쑤언허이낭롬까타런(Fried Oyster Pancake) 195B

| 👍 인기 ★★★★★ | 2권 ⓘ INFO p.107 ⊙ MAP p.096E | 🍴 가격 ★★ | 👥 혼잡도 ★★★★★ | 📍 접근성 ★★★ |

⊙ **찾아가기** BTS 싸판딱신 역 3번 출구 이용, 짜런끄룽 로드가 나오면 길 건너 좌회전해 400m, 르부아 엣 스테이트 타워(Lebua at State Tower) 정문을 등지고 횡단보도 건너 우회전한 후 왼쪽 첫 번째 골목 안, 총 500m, 도보 6분 ⊙ **주소** 492/6 Charoen Krung Road Soi 49 ⏰ **시간** 07:00~13:00 ⊖ **휴무** 연중무휴 ⑧ **가격** 카무 짠라 70B

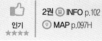

MANUAL 10
컨템퍼러리 다이닝

맛과 분위기
모두 잡은 다이닝

합리적인 가격으로 질 높은 메뉴와 아늑한 분위기를 즐길 수 있는
태국 요리 전문 레스토랑을 소개한다.

맛으로 승부하다 **나라**
Nara Thai Cuisine

가성비 ★★★★☆ 분위기 ★★★☆☆ 혼잡도 ★★★★★

2003년에 문을 연 에라완 방콕 플래그십 스토어의 성공으로 센트럴 월드에 이어 엠쿼티어 등 여러 지점을 낸 태국 요리 레스토랑. 신선한 재료와 전통 조리법으로 현지인과 여행자의 입맛을 사로잡았다. 음식은 한결같이 입맛 당기게 짭조름해 첫맛이 아주 좋은 편. 먹을수록 짜다는 느낌이 들지만 전반적으로 만족스럽다. 동급 레스토랑에 비해 조금 떨어지는 서비스의 질도 음식 맛이 상쇄한다. 똠얌꿍은 특히 맛있다.

> 2권
> ⓘ INFO p.056
> ⓜ MAP p.054G

> 2권
> ⓘ INFO p.074
> ⓜ MAP p.067G

센트럴 월드
- 🔍 **찾아가기** BTS 칫롬 역 센트럴 월드 출구 이용, 센트럴 월드 7층
- 📍 **주소** 7th Floor, Central World 🕐 **시간** 10:00~22:00
- ⊖ **휴무** 연중무휴 🏠 **홈페이지** www.naracuisine.com

엠쿼티어
- 🔍 **찾아가기** BTS 프롬퐁 역 엠쿼티어 출구 이용, 엠쿼티어 7층
- 📍 **주소** 7th Floor, The Helix, Emquartier 🕐 **시간** 11:00~21:00
- ⊖ **휴무** 연중무휴 🏠 **홈페이지** www.naracuisine.com

무 팟끄라파오
Stir Fried Pork with Chili & Hot Basil 260B

나라의 필식 메뉴, 똠얌꿍

입맛 돋우는 짤짤히 메뉴를 찾는다면!

똠얌꿍 매남
Tom Yum Goong 489B

세금 17% 별도

현지 식당에서 고급 레스토랑으로

똔크르앙
Thon Krueng

가성비 ★★★★★ 분위기 ★★★★☆ 혼잡도 ★★★☆☆

◎ **찾아가기** BTS 프롬퐁 역과 텅러 역을 이용할 수 있지만 두 곳 모두 멀다. 택시를 이용할 것. "쑤쿰윗 쏘이 씨씹까오"라 말하고 싸미띠웻 병원(Samitivej Sukhumvit Hospital)을 조금 지나 내리면 된다.
◎ **주소** 211/3 Sukhumvit Soi 49 ◐ **시간** 11:00~22:30 ◉ **휴무** 연중무휴 ◉ **홈페이지** www.thonkrueng.com

텅러의 큰길가 쏘이 13에서 태국 요리를 선보이던 레스토랑. 쑤쿰윗 49로 이전하며 규모를 줄이고 고급스러움을 강조했다. 2층 규모의 태국 전통 가옥을 개조한 레스토랑의 실내는 단조롭지만 깔끔하다. 서비스는 그다지 정중하지 않다. 사진 찍기에 좋아 여행자들이 즐겨 주문하는 허목카놈크록에는 카피르 라임 잎이 들어간다. 똠얌 국물에 반드시 넣는 잎으로, 특유의 향이 있으므로 향신료를 싫어하는 이들에게는 권하지 않는다.

허목카놈크록
Spicy Steamed
Minced Fish Cake
240B

똔크르앙의 시그너처 메뉴

튀긴 달걀과 쏨땀

쏨땀타이 카이켐끄럽
Spicy Papaya Salad with Fried
Salted Egg 170B

남프릭까삐 쁠라투텃 팍쏫
Shrimp Paste Chili Dip
Served with Platoo, Fresh
And Fried Vegetable
240B

밥반찬으로 그만인 메뉴

세금 17% 별도

반세기를 이어 온 다이닝의 품격

메타왈라이 썬댕

Methavalai Sorndaeng เมธาวลัย ศรแดง

가성비 ★★★★☆ 분위기 ★★★★☆ 혼잡도 ★★★★☆

2권
INFO p.143
MAP p.139Ⓖ

◎ **찾아가기** 민주기념탑이 바라보이는 랏차담넌 끌랑 로드
⌖ **주소** 78/2 Ratchadamnoen Klang Road
◷ **시간** 10:30~22:00 ◷ **휴무** 연중무휴
◈ **홈페이지** www.facebook.com/methavalaisorndaeng

민주기념탑이 바라보이는, 말할 수 없이 좋은 위치에 자리한 레스토랑이다. 1957년부터 이어 온 레스토랑의 역사가 위치의 비결과 동시에 이곳의 품격을 대변하는 듯하다. 군 제복을 연상케 하는 서빙 복장에서부터 격식이 느껴지며, 마치 50년대 때부터 그 자리에 있었던 것 같은 가수들이 정통가요를 라이브로 들려준다. 자극적이지 않은 음식에도 품격이 숨 쉰다.

쏨땀타이싸이꿍
Spicy Papaya Salad with Shrimps 240B

고급스러운 쏨땀의 정석

똠얌꿍
Tom-yum with
Shrimps
340B

2-3명이 나눠 먹기 충분한 양

입맛 돋우는 모닝글로리

팍붕팟까삐
Stir-fried Morning Glory with Shrimp
Paste Sauce 160B

세금 17% 별도

왕실이 사랑한 소박한 레스토랑

크루아압쏜

Krua Apsorn ครัวอัปษร

가성비 ★★★★★ 분위기 ★★☆☆☆ 혼잡도 ★★★★★

2권
INFO p.143
MAP p.139

◎ **찾아가기** 방람푸 민주기념탑 로터리에서 딘써 로드를 따라 110m, 도보 1분
◉ **주소** 169 Dinso Road ◉ **시간** 월~토요일 10:30~19:30 ◉ **휴무** 일요일
◉ **홈페이지** www.facebook.com/kruaapsorn

태국 왕실에서 찾던 레스토랑으로 소문난 소박한 분위기의 레스토랑이다. 별다른 인테리어가 없으나 편안한 분위기이며, 플레이팅이 화려하지 않으나 내용물이 충실한 음식을 내어놓는다. 수준 높은 요리를 부담 없는 가격에 맛볼 수 있으니 늘 손님들이 많다. 게살 통조림을 사용하지 않고 게를 직접 발라 사용하는 느어뿌팟퐁까리가 맛있다.

느어뿌팟퐁까리
Stir-fried Crab in Curry Powder 530B

빠지면 섭섭한 사이드 메뉴 쏨땀

쏨땀타이 Papaya Salad 80B

게살을 직접 발라 사용하는 뿌팟퐁까리, 크루아압쏜의 인기 메뉴

자극적이지 않은 방콕의 맛

깔라빠프륵
Kalpapruek กัลปพฤกษ์

가성비 ★★★★★ 분위기 ★★★☆☆ 혼잡도 ★★★☆☆

2권
INFO p.106
MAP p.096

⊙ **찾아가기** BTS 쑤라싹 역 3번 출구에서 뒤돌아 첫 번째 골목인 쁘라무안 로드로 300m
⊙ **주소** 27 Pramuan Road
⊙ **시간** 09:00~17:00 ⊙ **휴무** 연중무휴
⊙ **홈페이지** kalpapruekrestaurants.com

1975년에 문을 연 태국 정통 레스토랑이다. 방콕 사람들이 가족들과 함께 주말 점심 식사를 즐기는 따뜻한 분위기로 자극적이지 않은 맛과 친근한 서비스를 제공한다. 식당 한쪽에는 각종 케이크가 진열돼 있다. 서양식 디저트가 흔치 않던 과거, 방콕 사람들은 생일이나 기념일에 이곳의 케이크를 선물하며 자부심을 느끼고, 기쁨을 나눴다고 한다.

오징어와 함께 볶은 마늘장아찌가 별미!

쁠라믁팟까삐
Stir Fried Squid with Shrimp Paste
250B

매콤하게 볶은 한입 크기의 돼지갈비

씨콩무텃 프릭끌르아
Fried Pork Spare Ribs
with Salt & Chili
190B

시원한 마이 일푸! 맑은 국 깨끗

깽쯧룩칙 Egg Tofu & Shredded Chicken
Clear Soup 130B

세금 17% 별도

정성 어린 어머니의 손맛

반 쿤매

Ban Khun Mae บ้านคุณแม่

가성비 ★★★★★ 분위기 ★★★★☆ 혼잡도 ★★★☆☆

2권
INFO p.044
MAP p.034F

◎ **찾아가기** BTS 내셔널 스타디움 역 마분콩 출구 이용, 마분콩 2층
📍 **주소** 2nd Floor, MBK, Phayathai Road
🕐 **시간** 11:00~22:00 ⊖ **휴무** 연중무휴
🏠 **홈페이지** www.bankhunmae.com

'어머니의 집'이라는 이름에 걸맞는 맛과 분위기를 지닌 정통 레스토랑이다. 1998년에 싸얌 스퀘어에 문을 연 후 현재 MBK로 옮겼는데, 간판과 소품 등을 그대로 사용해 옛 분위기를 간직하게 했다. 소박한 간판처럼 서비스는 친근하다. 대신 무례하지 않고 정중해 편안한 식사를 돕는다. 요리는 강한 향신료를 쓰지 않는 편이라 외국인에게도 무리가 없다.

까이찌여우뿌
Minced Crab Omelette 160B

게살을 듬뿍 넣은 카이찌여우

똠얌꿍
Tom Yam Koong
230B

엄지 척! 똠얌꿍

팟팍루암밋
Stir-Fried Mixed Vegetables
120B

다채로운 식감을 뽐내는 채소볶음

세금 10% 별도

해산물 요리의
진수를 맛보다

seafood
RESTAURANT

안다만과 타이만에 접한 태국은 해산물이
풍부한 나라다. 일상적으로 먹는 볶음밥
카우팟과 볶음면 팟타이에도 새우와 게를 흔히
쓰는 것처럼 해산물을 재료로 한 요리는 어렵지
않게 접할 수 있다. 하지만 해산물 요리는 해산물
레스토랑이 그야말로 전문. 신선한 해산물을
다양한 조리법으로 선보이는 방콕의 레스토랑을
소개한다.

해산물 요리 사전

주재료와 조리법, 양념을 혼합하면 태국 요리 주문이 쉽다.
한국인의 입맛에도 딱 맞는 태국 해산물 요리를 알아보자.

주재료 +	조리법 +	양념 =	요리 이름
생선 쁠라		① 간장 : 씨이우	① 쁠라능씨이우 : 간장 양념으로 찐 생선 *쁠라텃 : 생선 튀김
새우 꿍	볶음 : 팟 구이 : 양, 파우	① 카레 가루 : 퐁까리	① 꿍팟퐁까리 : 카레를 넣어 볶은 새우 *꿍파우 : 새우 구이 *똠얌꿍 : 새우 수프
게 뿌	튀김 : 텃 찜 : 능, 뚠 끓임 : 똠 무침 : 얌	① 카레 가루 : 퐁까리 ② 후추(블랙) : 프릭타이(담) ③ 기름이 있는 고추 양념(칠리소스) : 프릭파오	① 뿌팟퐁까리 : 카레를 넣어 볶은 게 ② 뿌팟프릭타이담 : 후추를 넣어 볶은 게 ③ 뿌팟프릭파오 : 칠리소스를 넣어 볶은 게
오징어 쁠라믁		① 달걀과 소금 : 카이켐 ② 마늘 : 끄라티얌	① 쁠라믁팟카이켐 : 달걀과 소금을 넣어 볶은 오징어 ② 쁠라믁팟끄라티얌 : 마늘을 넣어 볶은 오징어 *쁠라믁양 : 오징어 구이
조개 허이		① 바질 : 끄라파오 ② 기름이 있는 고추 양념(칠리소스) : 프릭파오	① 허이팟끄라파오 : 바질을 넣어 볶은 조개 ② 허이팟프릭파오 : 칠리소스로 볶은 조개

*탈레 : 해산물 모두 섞어서

영혼의 뿌팟퐁까리를 찾아서

쏨분 시푸드 Somboon Seafood
สมบูรณ์โภชนา

방콕을 대표하는 해산물 전문점. 반탓텅,
쑤라웡, 랏차다, 우돔쑥, 쌈얀, 센트럴 앰버시,
싸얌 스퀘어 원, 센트럴 월드에 지점이 있다.
원래 여행자들은 쑤라웡 지점을 즐겨 찾았지만
지금은 센트럴 앰버시와 싸얌 스퀘어 원, 센트럴
월드의 쇼핑센터에 지점이 생겨 편리해졌다.
대표 메뉴는 카레로 볶은 게 요리인 뿌팟퐁까리.
1969년부터 역사를 이어오며 번성한 이유를
알게 해주는 요리다. 나머지 해산물 요리는
일반적이다.

카레를 넣어 볶은 게 요리
1

① **뿌팟퐁까리** Fried Curry Crab
S 460B, M 660B, L 1320B

② **쁠라까오 끄라파오끄럽** Deep Fried
Grouper with Crispy Basil 420~450B

③ **마크어쁠라켐끄라타런** Eggplants Salty Fish
220B

2 튀긴 바질을 얹은 생선 튀김

가지 요리
3

세금 17% 별도

센트럴 앰버시 Central Embassy

2권
INFO p.061
MAP p.054D

◎ **찾아가기** BTS 프런찟 역 센트럴 앰버시
출구 이용, 센트럴 앰버시 5층 ◉ **주소** 5th
Floor, Central Embassy, Phloen Chit Road
ⓣ **시간** 11:00~22:00
◎ **휴무** 연중무휴

쑤라웡 Surawong

2권
INFO p.104
MAP p.096F

◎ **찾아가기** BTS 총논씨 역 3번 출구에서
550m 직진, 도보 7분
◉ **주소** 169 Surawong Road
ⓣ **시간** 16:00~23:30
◎ **휴무** 연중무휴

싸얌 스퀘어 원 Siam Square One

2권
INFO p.038
MAP p.035K

◎ **찾아가기** BTS 싸얌 역 4번 싸얌 스퀘어
원(Siam Square One) 출구 이용, 싸얌 스퀘어
원 4층 ◉ **주소** 4th Floor, Siam Square One,
Rama 1 Road
ⓣ **시간** 11:00~22:00
◎ **휴무** 연중무휴

매콤새콤 절인
블루 크랩

매운 소스로
볶은 조개

라임소스에 찐
오징어

게 알 양념에 익힌
채소를 찍어 먹는 요리

147

태국 라용에서 오다
램차런 시푸드
Laem Charoen Seafood

방콕을 비롯해 라용, 치앙마이, 컨깬, 우돈타니 등지에 매장을 보유한 유명 해산물 레스토랑. 방콕 지점 중에서는 센트럴 월드, 싸얌 파라곤, 씨롬 콤플렉스가 찾기 쉽다. 게, 새우, 바닷가재, 생선, 오징어, 조개, 가리비 등 다양한 해산물을 다채로운 양념과 조리법으로 선보이며, 기본 이상의 맛을 보장한다. 뿌팟퐁까리의 경우는 무게에 따라 가격을 매긴다. 한 마리에 보통 1500B은 예상해야 한다.

1 뿌마덩 Pickled Blue Crabs **490B**
2 허이딸랍팟남프릭파오 Stir Fried Asiatic Hard Clams in Thai Chili Paste **220B**
3 쁠라묵카이닝어마나우 Lime Steamed Squids with Roe Intact **395B**
4 남프릭카이뿌 Crab Egg Chili Dip **220B**

세금 10% 별도

센트럴 월드 Central World

2권
ⓘ INFO p.057
◉ MAP p.054C

◎ **찾아가기** BTS 칫롬 역 센트럴 월드 출구 이용, 센트럴 월드 3층
ⓐ **주소** 3rd Floor, Central World
🕐 **시간** 11:00~21:00
⊖ **휴무** 연중무휴

싸얌 파라곤 Siam Paragon

2권
ⓘ INFO p.040
◉ MAP p.035H

◎ **찾아가기** BTS 싸얌 역 싸얌 파라곤 출구 이용, 싸얌 파라곤 4층
ⓐ **주소** 4th Floor, Siam Paragon
🕐 **시간** 10:00~21:00
⊖ **휴무** 연중무휴

씨롬 콤플렉스 Silom Complex

2권
ⓘ INFO p.100
◉ MAP p.097G

◎ **찾아가기** BTS 쌀라댕 역 씨롬 콤플렉스 출구 이용, 씨롬 콤플렉스 B층
ⓐ **주소** B Floor, Silom Complex
🕐 **시간** 11:00~21:00
⊖ **휴무** 연중무휴

MANUAL 11 | 해산물 레스토랑

차이나타운의 저렴한 해산물 식당
T & K 시푸드 T & K Seafood
ต้อย & คิด ซีฟู้ด

2권
ⓘ INFO p.159
ⓜ MAP p.155G

차이나타운에서 가장 유명한 해산물 식당이다. 식당 입구에서 게, 새우, 생선 등 해산물을 펼쳐놓고 조리하고, 길거리에 야외 테이블을 배치해 저녁 내내 분주하다. 워낙 인기라 문을 열자마자 손님들이 차기 시작해 곧 앉을 자리가 없어진다. 기다리기 싫고, 에어컨을 가동하는 실내를 원한다면 문 여는 시간에 맞춰 서두르자. 인기 비결은 맛과 가격. 신선한 머드 크랩을 사용하는 뿌팟퐁까리가 400B으로 저렴하다.

뿌팟퐁까리 Stir Fried Crab with Yellow Curry
S 400B · L 850B

◎ **찾아가기** 택시 이용, 야오와랏 로드 '떠이 & 킷 시푸드' 하차
◉ **주소** 49 Phadung Dao, Yaowarat Road
🕐 **시간** 16:30~02:00
◉ **휴무** 연중무휴
ⓑ **가격** 뿌팟퐁까리(Stir Fried Crab with Yellow Curry) S 400B · L 850B, 똠얌꿍(Seafood Lemon Grass Soup with Milk) 150B, 팟팍붕(Stir Fried Morning Glory) 80B

캐주얼한 분위기의 해산물 레스토랑
사보이 시푸드 Savoey
เสวย

2권
ⓘ INFO p.056
ⓜ MAP p.155G

1972년부터 영업해온 전통 깊은 해산물 전문점으로, 방콕에만 4개의 지점이 있다. 더 머큐리 빌의 지점은 BTS 칫롬 역과 가까워 찾기 편리하다. 게, 새우, 생선, 조개 등 각종 해산물을 여러 조리법으로 선보인다. 카레로 볶은 게 요리인 뿌팟퐁까리는 머드 크랩 한 마리를 통째로 사용한다. 인테리어와 테이블 세팅은 캐주얼하고 단아하다. 사보이의 현지 발음은 '써워이'다.

뿌팟퐁까리
Stir Fried Curry Crab
230B/100g

◎ **찾아가기** BTS 칫롬 역 더 머큐리 빌(The Mercury Ville) 출구 이용, 더 머큐리 빌 2층
◉ **주소** 2nd Floor, The Mercury Ville(Tower)
🕐 **시간** 10:00~21:30
◉ **휴무** 연중무휴
ⓑ **가격** 뿌팟퐁까리(Stir Fried Curry Crab) 230B/100g, 팟팍붕파이댕(Quick Fried Water Morning Glory) 160B +10%

2권
ⓘ INFO p.078
ⓜ MAP p.077A

신선한 식재료와 합리적인 가격
꽝 시푸드 Kuang Seafood
กวง ทะเลเผา

약간 불편한 교통 외에 흠잡을 데 없는 해산물 레스토랑이다.
1~4층에 에어컨 실내석이 자리하며, 5층은 야외석이다.
중화풍 해산물 레스토랑이어서인지 종종 썬텅(쏜통)
포차나와 비교되곤 하지만 식재료의 질, 분위기, 가격적인
모든 면을 고려하면 비교 대상이 안 된다. 한국인이 사랑하는
뿌팟퐁까리의 경우 머드 크랩과 블루 크랩으로 선보인다.
킬로그램당 가격은 머드 크랩이 비싸지만 작은 사이즈를
주문할 수 있어 1~2명이 즐긴다면 머드 크랩이 더 낫다.

뿌팟퐁까리
Stir Fried Crab with Curry
S 550B · M 1150B · L 1800B

ⓘ **찾아가기** MRT 타일랜드 컬처럴 센터 역
1번 출구에서 직진 650m, 도보 9분
ⓐ **주소** Ratchadaphisek Road
ⓣ **시간** 10:30~24:00 ⓗ **휴무** 연중무휴
ⓑ **가격** 뿌팟퐁까리(Stir Fried Crab with Curry)
S 550B · M 1150B · L 1800B, 쁠라묵텃프릭끄르아(Fried Squid with Chill
and Salt) 380B, 팍붕파이댕(Fried Morning Glory) S 80B · L 150B

2권
ⓘ INFO p.110
ⓜ MAP p.110A

짜오프라야 강을 바라보며 해산물을 즐기다
꼬당 탈레 Ko Dang Talay
โกดัง

아시아티크에 자리한 해산물 전문점. 실내를 커다란 범선처럼
꾸몄다. 짜오프라야 강이 보이는 실외 좌석과 에어컨이 나오는
실내 좌석으로 구분되며 실내 개별 룸도 마련된다. 해산물
가격은 시중에 비해 약간 비싼 편. 양은 조금 적지만 맛은
좋다. 해산물 중 그루퍼(농어과) 생선류의 종류가 다양하며 한
마리를 통으로 주문하면 900B 정도 한다. 100g당 200B가량
하는 뿌팟퐁까리를 주문하길 은근히 강요하기도 한다. 카드
결제는 1000B 이상만 가능하다.

쁠라인씨텃랏남쁠라
Spanish Mackerel_
Deep Fried Grazed
with Caramelized Fish
Sauce 290B

ⓘ **찾아가기** 아시아티크 선착장에서 왼쪽 마지막 건물 첫 번째 가게
ⓐ **주소** Warehouse 7, Asiatique
ⓣ **시간** 16:00~24:00 ⓗ **휴무** 연중무휴
ⓑ **가격** 쁠라인씨텃랏남쁠라(Spanish Mackerel_Deep Fried Grazed
with Caramelized Fish Sauce) · 쁠라묵팟끄라파오(Squid_Stir Fried
Chili and Basil) 각 290B, 허이딸랍팟프릭파오(Venus Clam_Stir Fried
with Chili Paste) 190B +10%

짜오프라야
낭만 다이닝

방콕을 가로질러 흐르는 짜오프라야 강은 치열한 삶의 현장이다. 화물을 운반하는 바지선과 사람들을 실어 나르는 수상 보트가 어지러이 움직이며 잔잔한 강에 물결을 일으킨다. 그렇지만 이렇게 치열한 삶의 현장인 짜오프라야 강도 조금 거리를 두면 낭만이 된다. 우리만의 이야기를 나누며 특별한 추억을 쌓을 수 있는, 짜오프라야 강변의 분위기 좋은 레스토랑을 소개한다.

2권 ⓘ INFO p.123
◉ MAP p.114J

왓 아룬을 조망하는 최고의 레스토랑
더 덱 The Deck

왓 아룬 바로 맞은편 강 건너에 자리해 짜오프라야 강과 왓 아룬의
완벽한 조화를 감상할 수 있는 곳이다. 주변에 왓 아룬을 조망하는
다양한 레스토랑 중에서도 원조 격으로 실내외에 자리가 마련돼
있어 취향에 따라 즐기기에 좋다. 조명 주위로 날벌레가 날아드는
저녁 무렵에는 실내 테이블이 특히 유용하다. 음식 맛은 가히 최고다.
음식이 입맛에 맞는지 테이블을 일일이 체크하는 서비스도 좋다.

👍인기 ★★★★★ ♡분위기 ★★★★★ 🏛서비스 ★★★★★

◎ **찾아가기** 타 띠엔 선착장에서 100m 직진 후 마하랏 로드에서 우회전해
200m, 'The Deck' 이정표를 보고 우회전 후 80m, 총 380m, 도보 5분
📍 **주소** 36-38 Soi Pratoo Nok Yoong 🕐 **시간** 11:00~22:00 ⊖ **휴무** 연중무휴
💲 **가격** 쏨땀타이 깝꿍매남양(Papaya Salad with Grilled White Tiger Prawn)
260B, 뿌님팟퐁까리(Deep Fried Soft Shell Crab Cooked with Yellow Curry
Powder) 320B +17%
🖥 **홈페이지** www.facebook.com/Arunresidencehotel

🔍 베스트 뷰를 찾아라!

왓 아룬과 짜오프라야 강과 맛있는 음식의 완벽한 조화! 시간에 관계없이 훌륭한 조망을 선사한다.
실내 창가 좌석은 예약 필수.

쏨땀도 특별하게!
커다란 새우를 올린
쏨땀.

2권 ⓘ INFO p.150
ⓜ MAP p.148E

다리를 바라보며 바람을 먹는다
낀롬촘싸판
Khin Lom Chom Sa Phan
กินลม ชมสะพาน

라마 8세 다리가 보이는 짜오프라야 강변에 자리한 레스토랑. '다리를 바라보며 바람을 먹는다'는 뜻의 낭만적인 이름을 지닌 곳으로 태국 왕실의 첫째 공주인 우본랏의 단골 레스토랑으로 이름을 알렸다. 강변 테이블은 3개의 커다란 파빌리온 아래에 마련돼 있으며, 저녁 시간에는 라이브 밴드가 연주를 한다. 손님들의 대부분은 현지인이다. 해산물 요리가 유명하지만 전문 레스토랑에 비해서는 조금 실망스러우므로 단품 메뉴를 주문하길 권한다. 쌈쎈 쏘이 3 입구까지 전용 뚝뚝을 운행한다.

👍🏻❸인기 ★★★★★ ♡분위기 ★★★★☆ ㉡서비스 ★★★★☆

◎ **찾아가기** 쌈쎈 쏘이 3 안쪽 끝에 위치. 방람푸 짜끄라퐁 로드와 프라쑤멘 로드가 만나는 홍콩 누들 하우스에서 700m, 도보 8분
◉ **주소** 11/6 Samsen Soi 3
🕐 **시간** 11:00~24:00 **휴무** 연중무휴
฿ **가격** 루엄밋탈레파우(Grilled Seafood Platter) 790B +10%
⊙ **홈페이지** www.facebook.com/Khinlomchomsaphan

라마 8세
다리 조망

🔍 베스트 뷰를 찾아라!

라마 8세 다리와 가까워 다리의 조명이 환하게 켜지는 밤에 활기찬 분위기를 연출한다.

단순한 구이보다 양념을 첨가한 요리가 맛있다.

현지인이 사랑하는 강변 레스토랑
인 러브 In Love

테웻 선착장 바로 옆 짜오프라야 강변에 자리한 레스토랑. 낮부터 문을 열지만 반드시 밤에 찾아야 한다. 그 이유 중 하나는 요리 맛이 평범하다는 것. 결정적인 또 다른 이유는 라마 8세 다리의 조명이 켜지는 저녁 무렵의 정취가 좋기 때문이다. 해 질 무렵에 찾아 맥주와 간단한 안주를 즐기며 어둠이 내릴 때까지 시간을 보내자. 수로 맞은편에 자리한 스티브 카페와 분위기가 비슷한데, 음식 맛은 스티브 카페가 낫고 접근성은 인 러브가 낫다.

👍인기 ★★★★★   ♡분위기 ★★★★☆   😋서비스 ★★★☆☆

◉ **찾아가기** 테웻 선착장 나오자마자 오른쪽 ◉ **주소** 2/1 Krungkasem Road ◉ **시간** 11:00~24:00 ◉ **휴무** 연중무휴 ◉ **가격** 쏨땀타이(Papaya Spicy Salad with Dried Shrimp) 100B, 뿌님텃끄라티얌(Deep Fried Soft Shell Crabs with Garlic & Pepper) 330B
◉ **홈페이지** www.instagram.com/inloverestaurant

🔍 베스트 뷰를 찾아라!
낮 풍경도 좋지만 라마 8세 다리의 조명이 켜지는 저녁 무렵의 정취가 좋다.

라마 8세 다리 조망

후추와 마늘을 듬뿍 바른 게 요리.

MANUAL 12 | 강변 레스토랑

MANUAL 13
지방 요리

태국 지방 요리의 특징과 대표 메뉴

태국 요리는 지방마다 특징이 분명하다. 남북으로 길게 뻗은 지형 때문에 지방마다 산물이 다르고, 요리 재료에도 차이가 생긴 것. 미얀마, 라오스, 말레이시아 등 태국과 국경을 접한 다른 나라의 음식 문화도 영향을 미쳤다. 태국의 수도 방콕은 개성 강한 지방 요리를 모두 경험할 수 있는 도시. 태국의 '전라도 음식'이라 불리는 이싼 요리 전문점은 특히 많다.

매운맛을 강조하지만 태국 요리는 맵고, 짜고, 달고, 신맛이 모두 담겨 있다. 한 가지 요리가 3~4가지 맛을 내는 것이 보통. 레몬그라스, 타마린드, 갈랑갈, 카피르 라임 잎 등 신선한 허브를 즐겨 사용하며, 액젓도 자주 사용한다.

치앙마이

나컨 랏차씨마

방콕

푸껫

대표 도시 방콕

허브와 설탕을 즐겨 사용하는 일반적인 맛. 코코넛 밀크를 넣은 요리는 대부분 중부 요리라고 보면 된다.

- **깽키여우완~** : 그린 카레. 닭은 깽키여우완까이, 새우는 깽키여우완꿍.
- **똠얌~** : 맵고 신 국물 요리. 코코넛 밀크를 넣는다. 새우는 똠얌꿍, 해산물은 똠얌탈레.
- **똠카~** : 코코넛 밀크 수프. 닭은 똠카까이, 새우는 똠카꿍.

대표 도시 치앙마이

란나 요리라고도 한다. 미얀마와 중국의 영향을 받았으며, 맵지 않고 단조로운 게 특징이다.

- **카우쏘이** : 밤비 면 혹은 쌀로 만든 면을 칼국수처럼 잘라 카레 국물에 말아 먹는다.
- **싸이우어** : 레몬그라스, 카피르 라임 잎, 갈랑갈이 들어가는 북부식 소시지. 향신료에 약하다면 먹기 힘들다.
- **남프릭엉** : 오이, 가지, 롱빈, 양배추, 깹무(돼지 껍질 튀김) 등을 돼지고기와 토마토를 섞어 만든 소스에 찍어 먹는다. 애피타이저로 좋다.

대표 도시 나컨 랏차씨마

고추, 소금, 액젓, 허브 등을 사용해 맵고 강한 요리를 선보인다. 태국 전역에서 즐겨 먹는 쏨땀 역시 이싼 요리. 랍, 똠쌥 등 라오스의 영향을 받은 요리도 많다. 요리는 찹쌀밥과 함께 즐긴다.

- **카우니여우** : 찹쌀밥.
- **쏨땀** : 파파야 샐러드. 액젓, 타마린드소스, 팜슈거를 넣어 짜고 시고 달다. 젓갈을 듬뿍 넣은 쏨땀쁠라라, 저장 게를 넣은 쏨땀뿌 등 재료에 따라 종류가 다양하다.
- **랍** : 고기 샐러드. 돼지고기는 랍무, 닭고기는 랍까이.
- **~양** : 구운 닭은 까이양, 구운 돼지고기는 무양.
- **~텃** : 튀긴 닭은 까이텃, 튀긴 생선은 쁠라텃.
- **똠쌥~** : '쌥'은 이싼 사투리로 '맛있다'는 의미. 굳이 해석하면 '맛있는 국' 정도다. 내장을 넣으면 똠쌥크름나이, 닭을 넣으면 똠쌥까이.

대표 도시 푸껫

남부 지방 주요 작물인 코코넛 밀크를 즐겨 사용하며, 남부 지방에서 거주 비율이 높은 태국 무슬림의 영향을 받았다. 카레 요리가 많으며, 샤떼, 로띠, 마따바 등도 남부 요리다.

- **카놈찐** : 쌀로 만든 하얀 소면이다. 꾸어이띠여우의 쌀 면과는 조금 다른 형태로 카레와 함께 즐기는 카놈찐 남야는 남부 지방에서 즐겨 먹는다.
- **쿠어끌링** : 돼지고기, 소고기, 닭고기 등에 레몬그라스, 마늘, 샬롯, 생강 등을 넣어 볶은 드라이 카레.
- **깽쏨쁠라** : 생선을 넣은 시큼한 카레. 방콕에서는 깽르엉이라고 부른다.
- **깽따이쁠라** : 생선 내장, 발효 새우 소스, 호박 등을 넣은 국물 요리.
- **싸떠팟까삐꿍쏫** : 콩의 한 종류인 싸떠를 새우와 함께 볶아내는 요리. 싸떠를 넣은 카레 요리인 깽싸떠도 남부 요리다.

이싼 요리

까이양 & 쏨땀

지극히 태국적인
단짠맵신의 감칠맛 소스

고소하고
짭조름한
구운 닭

맥주를
부르는 맛!

까이(닭)+양(굽다)은 구운 닭이다.
쏨땀은 파파야 샐러드.
카우니여우(찹쌀밥)나
카놈찐(쌀 소면)을 곁들이면 좋다.

쫀득쫀득
찹쌀밥

새콤 달콤 매콤!
김치 대신 쏨땀!

파파야+롱빈+토마토+
라임+당근+땅콩+건새우

2권 ⓘ INFO p.092 ⓜ MAP p.082D

싸바이짜이 Sabaijai สบายใจ

서민적인 분위기의 이싼 음식점

맛, 친절, 저렴한 가격의 삼박자를 두루 갖춘 현지 식당.
구운 닭인 까이양이 대표 메뉴로, 고소하면서도 깔끔한 맛이
일품이다. 까이양과 궁합이 잘 맞는 쏨땀 또한 다양하게
갖췄으며, 그 밖에 태국 요리도 잘한다. 야외 자리보다는
에어컨이 나오는 실내가 쾌적하다.

◎ **찾아가기** BTS 에까마이 역 1번 출구에서 '더 커피 클럽'을 보면서
횡단보도를 건넌 후 오른쪽 버스 정류장에서 23·72·545번 버스 승차 후,
에까마이 쏘이 10(헬스 랜드)에서 내려 다음 골목인 쏘이 3으로 좌회전
◉ **주소** 87 Ekkamai 3 ⏰ **시간** 10:30~22:00 ◉ **휴무** 연중무휴

2권 ⓘ INFO p.106 ⓜ MAP p.096J

반 쏨땀 Baan Somtum บ้าน ส้มตำ

인기 이싼 레스토랑

BTS 쑤라싹 역 인근에 자리한 이싼 요리 전문점. 오픈된 쏨땀
주방에서 주문이 들어가는 즉시 절구질을 시작한다. 생선 구이
쁠라텃, 돼지고기 구이 커무양, 프라이드 치킨 까이텃 등은
쏨땀과 잘 어울리는 메뉴. 찹쌀밥 카우니여우를 곁들여도 좋고,
쌀 소면 카놈찐을 주문해 쏨땀에 비벼 먹어도 맛있다.

◎ **찾아가기** BTS 쑤라싹 역 1번 출구에서 뒤돌아 직진, 150m 간
다음 나오는 첫 번째 골목인 쑤라싹 로드로 우회전한 후 200m, 쏘이
씨위양(Soi Si Wiang)에서 우회전해 100m, 총 450m, 도보 5분 ◉ **주소** 9/1
Soi Si Wiang, Pramuan Road ⏰ **시간** 11:00~22:00 ◉ **휴무** 연중무휴

이싼 요리
쁠라텃 & 커무양

쁠라(생선)+텃(튀기다)은 튀긴 생선.
생선 종류와 양념에 따라 이름이 달라진다.
커(목)+무(돼지고기)+양(굽다)은
돼지고기 목살 구이다.

우리 생선구이
처럼 짭짤!

기름에 튀긴 생선.
껍질은 바삭하고 속은
폭신하다.

익숙한 숯불
구이의 참맛!

숯불 향 가득한
돼지고기 목살 구이

2권 ⓘ **INFO** p.101 ⓜ **MAP** p.097H

쏨땀 더 Somtum Der ส้มตำ เด้อ

작지만 알찬 이싼 레스토랑
BTS 쌀라댕 역 인근에 자리한 이싼 요리 전문점. 실내는
1~2층으로 이뤄지며 1층에는 자그마한 쏨땀 주방이 자리한다.
땀뿌쁠라라 등 젓갈을 듬뿍 넣은 이싼 스타일의 쏨땀을 포함해
다양한 쏨땀을 선보인다. 까이텃, 무댓디여우 등은 식감이
바삭바삭하다. 요리는 찹쌀밥 카우니여우를 곁들여 먹자.
코코넛 물로 지은 일반 밥은 디저트 느낌이 들어 별로다.

◎ **찾아가기** BTS 쌀라댕 역 4번 씨롬 콤플렉스 출구에서 오른쪽, 첫
번째로 거리인 쌀라댕 로드에서 길 건너 우회전해 150m, 총 250m, 도보
3분 ◉ **주소** 5/5 Saladaeng Road, Silom ◷ **시간** 11:00~23:00
⊖ **휴무** 연중무휴

2권 ⓘ **INFO** p.039 ⓜ **MAP** p.035K

쏨땀 누아 Somtam นัว

전 세계 여행자가 찾는 이싼 음식점
싸얌 스퀘어의 인기 레스토랑. 간판에 쏨땀은 영어, 누아는
태국어로 적혀 있다. 에어컨이 나오는 실내에 여러 개의
작은 테이블을 놓았으며, 홀 가운데 오픈 주방에서 쏨땀을
만든다. 프라이드치킨 까이텃, 생선 구이 쁠라텃, 이싼 소시지
싸이끄럭이싼 등 쏨땀과 잘 어울리는 메뉴가 다양하다.

◎ **찾아가기** BTS 싸얌 역 4번 출구 쏘이 5 끝자락에 위치, 100m, 도보 1분
◉ **주소** Siam Square Soi 5
◷ **시간** 11:00~21:00
⊖ **휴무** 연중무휴

남부 요리

깽쏨 & 쿠어끌링

일반적인 카레 요리와는
달리 카레 페이스트를
재료에 직접 넣어 볶는다.

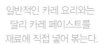

엄청맵고카피르
라임잎을넣어
독특한향이난다!

깽쏨과 쿠어끌링은 남부식 카레.
깽(국)+쏨(시다)은 강황을 넣어 노랗게 만들기
때문에 깽르엉(노란 깽)으로도 불린다.
쿠어끌링은 드라이 카레다.

김치찌개같은
매콤·새콤함!

코코넛 밀크를 넣지 않아 담백하고
타마린드를 첨가해 새콤하다.

2권 ⓑ INFO p.085 ⓦ MAP p.082C

반 아이스 Baan Ice บ้านไอซ์

손맛을 담아

아이스 씨가 가족에게 전수받은 비법으로 남부 가정식 요리를
선보이는 레스토랑. 나컨씨탐마랏의 카놈찐 장인에게 배운
카놈찐, 전통 남부식으로 간장에 조린 고등어, 할머니의 비법을
담아 부드럽게 찐 달걀찜 등 요리 하나하나에 사연이 담겨 있다.
든든하게 먹이고 싶은 가족의 마음을 담아 모든 요리의 양이
많다.

◎ **찾아가기** BTS 텅러 역 3번 출구 계단을 내려와 뒤돌아 첫 번째
도로인 쑤쿰윗 쏘이 55를 따라 600m, 도보 8분, 혹은 세븐일레븐 앞에서
빨간 버스 승차 후 톱스 마켓이 보이면 하차. 서머셋 쑤쿰윗(Somerset
Sukhumvit) 입구
◉ **주소** 115 Sukhumvit Soi 55 ⓛ **시간** 11:00~22:00 ⊖ **휴무** 연중무휴

2권 ⓑ INFO p.085 ⓦ MAP p.082C

쿠어 끌링 팍 쏫
Khua Kling Pak Sod คั่วกลิ้ง ผักสด

방콕에서 즐기는 춤폰 요리

태국 남부 춤폰 출신의 가족 경영 레스토랑. 집에서 만든
음식을 나눈다는 마음으로 가정식 요리를 선보인다. 드라이
카레 쿠어끌링, 콩류인 싸떠와 새우를 함께 볶은 싸떠팟까삐꿍,
바이리앙 잎과 달걀을 볶은 바이리앙 팟카이 등 일반적인
레스토랑에서는 쉽게 볼 수 없는 남부식 메뉴가 다양하다.

◎ **찾아가기** BTS 텅러 역 3번 출구 이용, 쑤쿰윗 쏘이 55를 따라 600m
지나 텅러 쏘이 5로 좌회전
◉ **주소** 98/1 Sukhumvit Soi 55
ⓛ **시간** 11:00~14:30, 17:30~21:30 ⊖ **휴무** 연중무휴

북부 요리
카우쏘이 &
남프릭눔·남프릭엉

카우쏘이는 칼국수 스타일의 국수.
남프릭은 소스로 태국 북부는 남프릭눔과
남프릭엉이 유명하다.

숨어 있는 닭고기
혹은 소고기

무난한 카레 맛.
절임 채소를
곁들이면 아삭 상큼!

진한 카레 국물

바미 면 또는
쌀 면을 사용한다.

불에 구운
파란 고추와 샬롯,
마늘을 찧어 매콤!

각종 채소와 돼지껍질
튀김 캡무를 곁들인다.

다진 돼지고기와
토마토를
섞어 고소!

2권 ⓑ **INFO** p.074 ⓞ **MAP** p.067G

껫타와 Gedhawa เก็ดถะหวา

태국 북부 가정집으로의 초대

쑤쿰윗 골목에 조용히 자리한 태국 레스토랑. 작은 집을 개조한
아담한 레스토랑의 실내는 란나 스타일의 목제 가구와 화사한
패브릭으로 태국 북부의 분위기를 물씬 풍긴다. 카우쏘이,
카놈찐 남니여우 등 북부 요리는 물론 태국 전역의 음식을 짜지
않고 단조로운 북부식으로 선보인다. 휴식 시간과 휴무일이
있으므로 방문 전에 확인하는 게 좋다.

◎ **찾아가기** BTS 프롬퐁 역 5번 출구 계단을 내려와 뒤돌아 첫 번째
골목인 쑤쿰윗 쏘이 35를 따라 400m, 도보 5분
ⓐ **주소** 24 Sukhumvit Soi 35
ⓛ **시간** 월~토요일 11:00~14:00, 17:00~21:30
⊖ **휴무** 일요일

2권 ⓑ **INFO** p.090 ⓞ **MAP** p.082F

험두언 Hom Duan หอมด่วน

제대로 즐기는 북부 요리

에까마이 쏘이 2에 자리한 모던한 분위기의 북부 요리
전문점이다. 카우쏘이, 카놈찐 남니여우, 깽항레, 남프릭눔,
남프릭엉 등 북부 대표 요리를 비롯해 몇 가지 요리를
선보인다. 가게 입구에 진열돼 있는 음식은 주문이 들어오는
즉시 작은 그릇에 소담하고 깔끔하게 담아 내어온다. 방콕에서
북부 요리를 즐기기에 매우 유용한 장소다.

◎ **찾아가기** BTS 에까마이 역 2번 출구 이용. 에까마이 로드를
따라가다가 오른쪽 쏘이 2로 우회전
ⓐ **주소** 1/7 Ekkamai Soi 2
ⓛ **시간** 월~토요일 08:00~20:00
⊖ **휴무** 일요일

Coffee

방콕 여정에
쉼표가 되다

카페에 들러 고생한 다리에 휴식을 주며 여행의 숨을 고른다.
방콕 트렌드세터의 일상을
잠시나마 함께하는 행운은 기대하지 않았던 깜짝 선물.
이방인에게도 전혀 낯설지 않은
방콕 최고의 트렌디 카페를 찾아가보자.

아이스 아메리카노
Iced Americano 100B

| Café 1 | 로스트 Roast | 텅러, 엠쿼티어 |

방콕 트렌드세터가 사랑하는 카페

샐러드, 수프, 토스트, 햄버거, 파스타, 리소토, 스테이크 등 퓨전 서양 요리와 더불어 커피, 디저트, 음료 등을 선보이는 카페이자 레스토랑이다. 넓은 매장과 편안한 분위기, 정성이 깃든 음식으로 큰 인기를 얻고 있다. 아메리카노는 세 가지 원두 중 선택 가능하며, 아이스 에스프레소 라테에 넣는 얼음은 에스프레소를 직접 얼려 우유를 계속 첨가해 변함없는 맛을 유지한다. 요리 메뉴는 심플하지만 신선한 재료로 고유의 맛을 살렸다. 엠쿼티어와 센트럴 월드에도 매장이 있다.

아이스 에스프레소 라테 <u>세금 17% 별도</u>
Iced Espresso Latte 120B

텅러

2권 ⓘ INFO p.087
ⓜ MAP p.082B

◎ **찾아가기** BTS 텅러 역 3번 출구에서 도보 약 20분. 더 커먼즈(The Commons) 맨 위층에 위치. 텅러 입구에서 오토바이 택시나 빨간 버스를 이용하는 게 편리하다.
⊙ **주소** Thong Lo Soi 17
🕐 **시간** 08:00~22:00
⊖ **휴무** 연중무휴

엠쿼티어

2권 ⓘ INFO p.073
ⓜ MAP p.067G

◎ **찾아가기** BTS 프롬퐁 역 엠쿼티어 출구 엠쿼티어 더 헬릭스(The Helix) 빌딩 1층
⊙ **주소** 1st Floor, The Helix, Emquartier
🕐 **시간** 10:00~22:00
⊖ **휴무** 연중무휴

베이컨 & 갈릭 스파게티
Bacon And Garlic
280B

2권 ⓘ INFO p.102
ⓜ MAP p.097H

| Café 2 | 비터맨 Bitterman | 룸피니 |

초록의 향연 속으로

열대식물로 장식한 실내와 외관 덕분에 눈이 시원해지는 레스토랑. 가장 눈에 띄는
공간은 창가 좌석. 통유리 너머로 야외 정원이 보이고, 천장은 온실처럼 유리로
꾸몄다. 천장에 매달아놓은 식물과 곳곳에 놓인 화분으로 초록의 향연이 이어진다.
1~2층으로 이루어진 기타 실내 공간은 나무 테이블과 의자, 거친 마감으로 무겁지도
가볍지도 않게 장식했다. 스파게티, 덮밥 등 서양식과 퓨전 태국식 요리를 합리적인
가격에 선보인다. 간단히 차를 마시며 눈과 다리에 휴식을 주는 것도 괜찮다.

아메리카노
Americano 100B

레모네이드
Lemonade 120B

세금 17% 별도

ⓒ **찾아가기** MRT 룸피니 역 2번 출구 라이프 센터(Life Center) 앞에서 횡단보도 건너
350m 직진하면 나오는 노스이스트(Northeast)에서 좌회전해 250m, 총 600m, 도보 7분
ⓐ **주소** 120/1 Sala Daeng Road ⓣ **시간** 11:00~22:30 ⓗ **휴무** 연중무휴

아이스커피
Iced Coffee 110B

2권 ⓘ INFO p.077
ⓞ MAP p.067K

| Café 3 | 카르마카멧 다이너 Karmakamet Diner | 프롬퐁 |

카르마카멧의 향기를 담다

아로마세러피용품을 판매하는 카르마카멧에서 운영하는 레스토랑.
열대식물로 장식한 실외 좌석과 카르마카멧의 갈색 병, 육중한 나무로
엄숙하게 꾸민 실내 좌석을 갖췄다. 실내에 흐르는 잔잔한 음악은 엄숙한
분위기를 한층 고급스럽게 한다. 메뉴는 음료, 주류, 디저트, 스파게티 등.
가격대는 높은 편이다. 레스토랑 한편에는 아로마 숍이 있다. 디퓨저, 캔들,
스프레이, 인센스스틱 등 다양한 형태의 아로마 제품을 직접 향을 맡아 본 후
구매할 수 있다.

스트로베리 인 더 클라우드
Strawberry in the Cloud
390B

ⓒ **찾아가기** BTS 프롬퐁 역 6번 출구 엠포리움 백화점 주차장 길을 따라가면 엠포리움
스위트 방콕 정문이 나온다. 호텔을 지나 두 번째 보이는 왼쪽 골목 안쪽에 위치 290m,
도보 4분. ◉ **주소** 30/1 Soi Methi Niwet ⓛ **시간** 10:00~20:00 ● **휴무** 연중무휴

세금 17% 별도

2권 ⓘ INFO p.092
⦿ MAP p.091A

Café 4 | **페더스톤** Featherstone | 에까마이

에까마이의 작은 골목에 숨은 보석 같은 카페

에까마이 쏘이 12에서도 한참 들어가야 하는 위치적 단점에도 불구하고 찾을 만한
가치가 충분한 곳이다. 인스타그래머가 환영할 만한 예쁜 인테리어와 플레이팅,
정중하면서도 따뜻한 친절함이 매우 좋다. 추천 메뉴는 시그너처 메뉴인 스파클링
어파써케리(Sparkling Apothecary). 유리잔에 가득 담긴 꽃 얼음을 보는 것만으로
기분이 좋아진다. 카페 메뉴 외에 샐러드, 파스타, 피자 등 간단한
서양 요리도 있다.

◎ **찾아가기** BTS 에까마이 역 1번 출구 이용. 에까마이
쏘이 12 안쪽 골목에 자리해 오토바이나 택시를 이용하는
게 편하다. ✆ **주소** 60 Ekkamai Soi 12
🕐 **시간** 10:30~22:00 ⊖ **휴무** 연중무휴

콜드 브루 아이스 큐브 라테
Cold Brew Ice Cube Latte
160B

와일드 가드니아
Wild Gardenia
160B

세금 17% 별도

| Café 5 | 로켓 Rocket | 싸톤 |

북유럽 감성의 커피 바

2013년 싸톤 쏘이 12에 문을 연 실내외 좌석을 갖춘 자그마한 카페다. 특징은 개방형의 바리스타 바와 롱 테이블. 낯선 이들도 자연스레 한자리에 앉아 커피를 즐기게 된다. 메인 메뉴는 커피다. 시기에 따라 준비된 원두는 핸드 드립(Pour Over), 에어로프레스(Aeropress), 에스프레소(Espresso) 형태로 마실 수 있다. 병에 담긴 더치 커피(Cold Brew Coffee)도 인기. 디저트와 간단한 식사도 판매한다.

◎ **찾아가기** BTS 총논씨 역 1번 출구에서 BTS 쑤라싹 역 방면으로 가다가 600m 지점에서 헬스 랜드를 끼고 우회전해 200m, 총 800m, 도보 10분 ◉ **주소** 147 Sathon Soi 12
🕐 **시간** 07:00~20:00
😊 **휴무** 연중무휴

아메리카노
Americano
80B

2권 ⓘ INFO p.105
◎ MAP p.096F

세금 17% 별도

| Café 6 | 오드리 Audrey | 텅러 |

티파니 스타일의 사랑스러운 카페

텅러 쏘이 11에 자리한 카페이자 레스토랑. 전체적인 인테리어를 흰색으로 통일해 깔끔한 느낌이다. 테이블과 의자, 샹들리에 등은 티파니 스타일로 사랑스럽게 꾸며 트렌드를 좇는 방콕 사람들이 즐겨 찾는다. 태국 요리와 서양 요리 등 메뉴는 다양하다. 음료, 차, 커피와 디저트 등을 간단하게 먹으며 분위기를 즐기는 것도 괜찮다. 한국인들에게 특히 사랑받는 '오드리 온 마이 마인드' 음료는 강렬한 색깔 덕분에 기념사진을 찍기에는 좋지만, 맛은 별로다. 텅러 외에 센트럴 앰버시, 싸얌 센터, 엠쿼티어 등지에도 매장이 자리한다.

◎ **찾아가기** 택시 이용, '쏘이 텅러 씹엣'
◉ **주소** 136/3 Thong Lo Soi 11
🕐 **시간** 11:00~22:00
😊 **휴무** 연중무휴

패션 베리
Passion Berry
145B

오드리 온 마이
마인드 Audrey On
My Mind 135B

2권 ⓘ INFO p.085
◎ MAP p.062A

세금 17% 별도

| Café 7 | 팩토리 커피 Factory | 파야타이 |

방콕에서 가장 유명한 커피 전문점

방콕에서 가장 유명한 커피 전문점이라고 해도 과언이 아닌 곳. 태국 바리스타 챔피언과 월드 에스프레소 챔피언에 수상 경력이 있다. 에스프레소, 필터, 시그너처 드링크의 커피를 선보이며, 메뉴에 적어 놓은 플레이버를 참고해 주문하면 된다. 크루아상, 케이크 등 커피와 함께 즐길 수 있는 디저트류도 다양하게 갖췄다. 커피 애호가라면 놓치지 말아야 할 핫플레이스 중 하나다.

◎ **찾아가기** BTS 혹은 공항철도 파야타이 역 이용. 공항철도 파야타이 역 바로 아래
◉ **주소** 49 Phayathai Road
🕐 **시간** 08:00~17:00
⊖ **휴무** 연중무휴

하우스 블렌드
House Blend
90·100B

2권 ⓘ INFO p.046
◉ MAP p.047B

| Café 8 | 라이즈 커피 Rise Coffee | 프런찟 |

라이즈 예감!

오피스 빌딩 가득한 도심 한가운데에 우주선처럼 덩그러니 자리한 카페. 화이트에 오렌지로 포인트를 준 인테리어가 상큼하다. 에스프레소의 경우, 직접 로스팅한 세 종류의 원두 중 선택할 수 있다. 향미를 친절히 알려주며, 가격 또한 매우 합리적이다. 라이즈 커피는 몇 년 사이 방콕에 정착한 커피 문화를 몸소 보여주고 있는 듯한 느낌의 카페다. 맛, 분위기, 가격 모두 지나치지 않아 좋다.

◎ **찾아가기** BTS 프런찟 역 2·4번 출구 이용. 오쿠라 프레스티지 방콕과 연결된 2번 출구가 편리하다.
◉ **주소** 888 Mahatun Plaza Building, Phloen Chit Road
🕐 **시간** 08:00~17:00
⊖ **휴무** 연중무휴

아메리카노
Americano
75B

피콜로
Piccolo
85B

2권 ⓘ INFO p.061
◉ MAP p.054D

| Café 9 | 쁘띠 솔레일 Petit Soleil | 카오산 로드 |

카오산의 별세계

카오산에 이런 곳이 있었나 싶을 정도로 카오산의 분주함과는 완전히 다른 정취를 지니고 있다. 열대식물이 이룬 터널을 지나 문을 열고 들어서면 앤티크한 분위기의 카페가 펼쳐진다. 빨간 벽돌로 장식한 벽에는 사진과 그림 액자가 가득하고, 드라이플라워와 화분은 샹들리에와 어지러이 조화를 이룬다. 창문 너머 조망되는 짜오프라야 강은 덤으로 얻는 선물. 커피와 음료 맛도 기본 이상이다.

◎ **찾아가기** 프라아팃 선착장에서 오른편 강변 산책로를 따라 걸으면 보인다.
🅐 **주소** 23/2 Phra Athit Road
🕐 **시간** 수~월요일 08:00~17:00
⊖ **휴무** 화요일

마차 라테
Matcha Latte
Cold 130B

피콜로 Piccolo 100B

2권 ⓘ INFO p.133
📍 MAP p.128F

| Café 10 | 잉크 & 라이언 Ink & Lion | 에까마이 |

소문난 커피 맛집

에까마이의 수많은 카페 중에서도 커피가 맛있기로 소문난 곳이다. 커피는 에스프레소와 핸드 드립으로 선보인다. 핸드 드립을 선택할 경우 주문 전에 원두 각각의 향과 맛에 대해 설명을 들은 후 선택할 수 있다. 커피 외에 차, 음료, 케이크 메뉴도 있다.

◎ **찾아가기** BTS 에까마이 역 2번 출구 이용. 에까마이 로드를 따라가다가 오른쪽 쏘이 2로 우회전
🅐 **주소** 1/7 Ekkamai Soi 2
🕐 **시간** 월~금요일 08:00~16:00, 토~일요일 09:00~17:00
⊖ **휴무** 연중무휴

핸드브루 커피
Hand-Brewed Coffee
120~160B

2권 ⓘ INFO p.090
📍 MAP p.082F

01

02

03

04

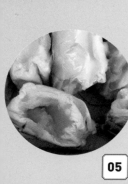

05

Sweet Shop

06

07

08

09

태국식 여우티아오

빠텅꼬

Patonggo ปาท่องโก๋

1968년에 문을 연 전통의 가게. 중국계 이민자가 많은 카오산 로드 주변에 자리한 곳으로 중국, 타이완, 홍콩 등지에서 즐겨 먹는 여우티아오(유조)를 디저트로 선보인다. 빠텅꼬는 여우티아오의 태국어로 밀가루 반죽을 발효시켜 길쭉하게 모양을 내 기름에 구운 음식이다. 빠텅꼬 아이스크림은 구운 빠텅꼬인 빠텅꼬양에 홈메이드 아이스크림 한 스쿱을 함께 내는 메뉴. 빠텅꼬양에 시럽을 뿌려 달콤하다.

일대를 마비시키는 인기 길거리 토스트

카놈빵 짜우아러이뎃 야오와랏

ขนมปังเจ้าอร่อยเด็ดเยาวราช

일명 '야오와랏 토스트'라고 불린다. 차이나타운의 핵심 거리인 야오와랏에서 가장 핫한 노점으로 저녁이면 번개처럼 나타나 일대를 마비시킨다. 줄을 서서 기다리는 이들이 워낙 많은 탓에 경찰까지 동원해 주변 인파를 정리한다. 노점에서 판매하는 메뉴는 카놈빵. 번에 버터를 발라 구워 커스터드, 파인애플, 초콜릿 등 각종 잼을 바른다. 주문은 간단하다. 가게 앞에 놓인 번호 매긴 종이에 원하는 메뉴를 적은 후 테이블에 두면 끝. 순서가 돼 번호를 부르면 토스트를 받고 계산하면 된다. 토스트는 전반적으로 달콤하다.

2권 ⓘ INFO p.133
⊙ MAP p.129H

ⓒ **찾아가기** 왓 보원니웻 입구 사거리에 위치, 카오산 로드 쏭크람 경찰서에서 550m, 도보 7분 ⊙ **주소** 246 Phra Sumen Road
🕐 **시간** 08:30~18:00 ⊖ **휴무** 연중무휴

2권 ⓘ INFO p.159
⊙ MAP p.155G

ⓒ **찾아가기** 야오와랏 로드와 파둥다오 로드가 만나는 사거리 근처, 분홍 간판의 GSB 은행 앞 ⊙ **주소** 452 Yaowarat Road
🕐 **시간** 화~일요일 17:00~24:00 ⊖ **휴무** 월요일

빠텅꼬 아이스크림
Pa Tong Go Ice
Cream 60B

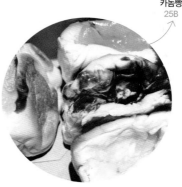

카놈빵
25B

EXPERIEI

본고장의 타이 마사지를 경험하고 내 손으로 직접 만든 태국 요리를
즐기자. 태국 문화가 고스란히 담긴 각종 공연과 파이팅 넘치는 무에타이
경기장을 찾아도 좋다. 라이브 공연과 함께 허투루 보내기 싫은 밤
시간까지 오밀조밀하게 채우면 방콕 여정은 더욱 풍성해진다.

CE

180   **MANUAL 16**
      마사지 & 스파

188   **MANUAL 17**
      쿠킹 클래스

190   **MANUAL 18**
      나이트 라이프

198   **MANUAL 19**
      공연 & 무에타이

204   **MANUAL 20**
      축제

208   **MANUAL 21**
      1일 투어

천국으로의 초대

태국은 마사지의 천국이다. 진부한 표현이지만 태국을 방문하면 자연스레,
그리고 몸소 느끼게 되는 사실이다.
지금 바로 이 순간, 우리들이 할 일은 천국을 마음껏 누리는 일뿐이다.

TIP !
알고 받으면 더욱 즐거운 마사지 꿀팁

1. 아무리 유명한 업소라도 **마사지사마다 솜씨가 다르다.** 같은 업소를 방문했다 해도 개인마다 만족도가 다를 수밖에 없는 이유. 내게 꼭 맞는 솜씨 좋은 마사지사를 만났다면 마사지사의 이름을 기억해두었다가 다시 찾는 것도 방법이다.

2. 고급 마사지 숍은 마사지 기술보다는 업소의 시설이나 서비스로 평가된다. 다시 말하지만 마사지사의 솜씨는 같은 업소에서도 천차만별이다. 비싸다고 무조건 좋고 싸다고 무조건 나쁜 곳이 아니므로 **자신의 예산과 상황에 맞게 마사지 업소를 선택하자.**

3. 즐거운 마사지를 위해 **마사지 중간중간 자신의 상태를 어필하는 게 좋다.** 고급 마사지 업소에서는 마사지 전에 선호도를 조사하지만, 그렇지 않은 경우가 대다수. 부드러운 마사지를 원한다면 "누앗 바오바오", 강한 마사지를 원한다면 "누앗 낙낙"이라고 말하자. 미리 말하지 않았더라도 마사지사가 상태를 물을 때 혹은 불편함을 느낄 때마다 어필하는 것이 좋다.

4. **마사지를 받기에 불편한 부위가 있다면 마사지사에게 미리 얘기하자.** 고급 마사지 업소에서는 마사지 전에 따로 표기하게 하지만, 일반적인 마사지 업소는 그렇지 않다.

5. 저렴한 마사지 업소는 방이 따로 없고 커튼으로 공간을 분리하는 경우가 많다. 옷을 벗어야 하는 오일 마사지보다는 타이 마사지나 발 마사지를 권한다.

6. 마사지사에게 건네는 팁은 선택이지만 예의다. **팁은 마사지 금액의 10~20% 정도가 적당하다.** 봉사료를 받는 고급 마사지 업소는 팁을 따로 주지 않아도 된다.

길거리 마사지에서 고급 스파까지 다 있는
타이 마사지 종류

타이 마사지 Thai Massage
2500년 역사를 자랑하는 태국 전통 마사지로, 지압과 스트레칭이 결합돼 있다. '누앗타이', '누앗팬타이', '누앗팬보란'이라는 태국어 표현보다는 '타이 마사지'로 즐겨 불린다. 편안한 옷을 입고 누운 채 지압 마사지를 받은 후 마사지가 끝날 무렵 스트레칭을 한다. 스트레칭은 누운 상태에서 다리를 접어 위에서 누른 후 앉은 자세로 머리에 깍지를 끼고 등과 허리를 양옆으로 돌리는 방식이다. 오일은 사용하지 않는다.

아로마세러피 Aromatherapy & 오일 마사지 Oil Massage
레몬그라스, 로즈메리, 라벤더 등 꽃과 식물에서 추출한 다양한 오일을 스트레스 해소, 원기 회복 등 용법에 따라 사용한다. 고급 마사지 업소에서는 오일을 따뜻하게 데워 몸에 발라주기도 한다. 몸에 오일을 발라 뜨겁게 데운 돌로 문지르듯 마사지하는 핫 스톤 마사지(Hot Stone Massage)도 오일 마사지의 일종. 몸 전체에 오일을 발라야 하므로 옷을 모두 벗고 마사지한다. 대부분 일회용 속옷을 준비해준다.

aroma therapy massage

발 마사지 Foot Massage
발을 집중 관리하는 타이 마사지의 일종이다. 발 마사지 전용 의자에서 받거나 매트에 누워서 받는다. 다리에 크림 혹은 허브 밤을 바른 후 발과 종아리를 손으로 누르고 문지르며, 봉을 사용하기도 한다.

등과 어깨 마사지 Back and Shoulder Massage
등과 어깨를 집중 지압하는 마사지. 뭉친 어깨를 푸는 데 효과적이다. 보통 30분가량 진행하므로 타이 마사지나 오일 마사지와 겸하면 좋다.

facial mask

얼굴 마사지 Facial Massage
혈액순환을 돕기 위해 머리와 얼굴, 목을 부위에 따라 부드럽게 마사지한다. 얼굴 마사지의 핵심은 팩을 사용하는 트리트먼트. 화장품과 팩을 여러 단계로 사용해 미백과 주름 개선 등에 도움을 준다. 전신 마사지를 부담스러워하는 이들에게 강력 추천. 단순한 얼굴 관리인데 온몸에 생기가 돈다.

1000B 이상

고즈넉한 분위기 속에서

디와나

Divana

😊 인기 ★★★★★ 🏠 시설 ★★★★★ 💪 서비스 ★★★★★ 💲 가성비 ★★★

넓고 고급스러운 로비와 스파 룸을 갖춘 스파. 자체 생산하는 스파 제품의 품질도 매우 좋다. 방콕 시내에 총 5개의 디와나 스파가 자리하며, 각 지점마다 콘셉트가 약간씩 다르다. 네 군데의 디와나 스파는 정원을 갖춘 독립된 건물에, 스파와 메디컬을 결합한 디는 센트럴 앰버시 내에 자리한다.

🕐 **시간** 월~금요일 11:00~23:00, 토~일요일 10:00~23:00(디 10:00~22:00) ⊖ **휴무** 연중무휴 🏠 **홈페이지** www.divanaspa.com

2권 🅑 MAP p.054D

디와나 센추아라
Divana Scentuara

◎ **찾아가기** 칫롬 역 3번 출구에서 센트럴 칫롬 방면으로 가다가 좌회전, 650m, 도보 10분

📍 **주소** 16/15 Soi Somkid, Lumphini

2권 🅑 INFO p.089
📍 MAP p.082B

디와나 디바인 Divana Divine

◎ **찾아가기** BTS 텅러 역 3번 출구에서 도보 약 20분. 텅러 입구에서 빨간 버스 승차 후 제이 애비뉴 지나 하차, 텅러 쏘이 17로 진입해 170m 오른쪽. 예약 시 텅러 역 혹은 엠쿼티어에서 셔틀 서비스를 신청할 수 있다.

📍 **주소** 103 Thong Lo Soi 17

2권 🅑 INFO p.106
📍 MAP p.096J

디와나 버추 Divana Virtue

◎ **찾아가기** BTS 수라싹 역 3번 출구 계단을 내려오자마자 뒤돌아 약 140m, 쁘라무안 로드(Pramuan Road)로 좌회전, 약 130m 지나 보이는 씨위양 로드(Si Wiang Road)로 좌회전해 130m 오른쪽, 총 400m, 도보 5분

📍 **주소** 10 Si Wiang Silom

2권 🅑 INFO p.070
📍 MAP p.066A

디와나 너처 Divana Nurture

◎ **찾아가기** BTS 나나 역 3번 출구에서 첫 번째 골목인 쑤쿰윗 쏘이 11을 따라 700m, 도보 9분

📍 **주소** 71 Sukhumvit Soi 11

2권 🅑 INFO p.062
📍 MAP p.054D

디 Dii

◎ **찾아가기** BTS 프런찟 역과 연결된 센트럴 앰버시 입구 이용, 센트럴 앰버시 4층 📍 **주소** 4th Floor, Central Embassy, Phloen Chit Road

판퓨리라 믿고, 유기농이라 믿는

판퓨리 웰니스

Panpuri Wellness

👤 인기 ★★★★★　🏠 시설 ★★★★　💼 서비스 ★★★★★　💲 가성비 ★★

각종 마사지에 필요한 트리트먼트 룸을 비롯해 온천 수영장과 프라이빗 온천 스위트룸을 보유하고 있다. 트리트먼트 전 마사지의 강도, 피부 컨디션, 건강 상태 등을 체크해 그에 맞는 적합한 서비스를 제공한다. 침대 시트, 가운, 수건은 물론 마사지 후 먹는 음료와 과일까지 유기농 제품을 사용한다.

2권 ⓘ INFO p.058
📍 MAP p.054C

◎ **찾아가기** BTS 칫롬 역 9번 출구 이용, 게이손 12층
◉ **주소** 12th Floor, Gaysorn, Ploen Chit Road
🕐 **시간** 10:00~20:00　⊖ **휴무** 연중무휴
◉ **홈페이지** www.panpuri.com

한국인에게 인기인 고급 스파

탄 생추어리

Thann Sanctuary

👤 인기 ★★★★★　🏠 시설 ★★★★★　💼 서비스 ★★★★★　💲 가성비 ★★★

방콕 시내에 게이손, 차트리움 그랜드 호텔, 쑤쿰윗 47 3개의 지점이 있다. 탄 최초의 매장이 탄생한 게이손 매장이 여러모로 괜찮다. 로비와 스파 룸은 적당한 크기로 깔끔하고 고급스럽게 꾸몄으며, 탄에서 생산한 제품만 사용해 안락한 마사지와 스파를 선보인다.

2권 ⓘ INFO p.058
📍 MAP p.054C

게이손

◎ **찾아가기** BTS 칫롬 역 9번 출구 이용, 게이손 3층
◉ **주소** 3rd Floor, Gaysorn, Phloen Chit Road
🕐 **시간** 10:00~20:00　⊖ **휴무** 연중무휴
◉ **홈페이지** www.thannsanctuaryspa.info

1000B 이하

※타이 마사지 1시간 기준

한국인이 사랑하는 스파

렛츠 릴랙스

Let's Relax

👤 인기 ★★★★★　🏠 시설 ★★★　💼 서비스 ★★★★★　💲 가성비 ★★★

한국 여행자들 사이에서 유명한 마사지 업소다. 깨끗하고 편안한 시설과 친절한 서비스는 물론 합리적인 가격 모두 만족스럽다. 마사지 강도는 전 지점에 걸쳐 조금 약한 편. 방콕에만 20개가 넘는 지점이 있으므로 동선을 고려해 찾기 좋은 지점을 선택하면 된다. 매장에서 판매하는 스파 제품의 품질이 아주 좋다.

🕐 시간 10:00~23:00(텅러점 10:00~24:00)　⊖ 휴무 연중무휴　🌐 홈페이지 www.letsrelaxspa.com

2권 🅱 INFO p.041
📍 MAP p.035K

싸얌 스퀘어 원
📍 찾아가기 BTS 싸얌 역 4번 출구와 연결된 싸얌 스퀘어 원 6층 📍 주소 6th Floor, Siam Square One, Rama 1 Road

2권 🅱 INFO p.045
📍 MAP p.034F

마분콩
📍 찾아가기 BTS 내셔널 스타디움 역과 연결된 MBK 5층 📍 주소 5th Floor, MBK, Phayathai Road

2권 🅱 INFO p.088
📍 MAP p.082D

텅러
📍 찾아가기 BTS 텅러 역 3번 출구 이용, 쑤쿰윗 쏘이 55를 따라 950m, 그랜드 센터 포인트 호텔 5층 📍 주소 5th Floor, Centre Point Sukhumvit 55, Thong Lo

동양적인 향취 가득

디오라 랑쑤언

Diora Lang Suan 靜

👤 인기 ★★★★★　🏠 시설 ★★★★　💼 서비스 ★★★★　💲 가성비 ★★★

랑쑤언 로드에 자리한 마사지 업소. 동양적인 요소를 결합한 모던한 로비와 마사지 룸이 눈에 띈다. 리셉션의 친절도가 조금 떨어지는 느낌이지만 그 밖에는 나무랄 데가 없다. 직접 생산한 다양한 스파 제품을 매장 내에서 판매한다.

2권 🅱 INFO p.058
📍 MAP p.054E

📍 찾아가기 BTS 칫롬 역 4번 출구에서 쏘이 랑쑤언으로 진입해 300m 오른쪽 📍 주소 36 Soi Langsuan
🕐 시간 09:00~24:00 ⊖ 휴무 연중무휴
🌐 홈페이지 www.dioralangsuan.com

시설, 서비스, 가격의 삼박자를 갖춘

아시아 허브
어소시에이션

Asia Herb Association

👤 인기 ★★★★★ 🏠 시설 ★★★★★ 💼 서비스 ★★★★★ 💲 가성비 ★★★★★

고급스럽지만 저렴한 마사지 숍. 타이 마사지를 받아도 샤워 시설을 갖춘 개별 룸 이용이 가능하다. 잘 교육된 직원들 또한 인상적이다. 프로그램 중에서는 허벌 볼 마사지가 유명하다. 허브는 자체 농장에서 유기농으로 키워 사용한다. 처음 방문하더라도 멤버로 등록하면 5% 할인받을 수 있다.

🕐 **시간** 09:00~22:00 ⊖ **휴무** 연중무휴
🏠 **홈페이지** asiaherbassociation.com

2권 ⓑ INFO p.075
📍 MAP p.067K

쑤쿰윗 24 프롬퐁
◎ **찾아가기** BTS 프롬퐁 역 2번 혹은 4번 출구에서 쑤쿰윗 쏘이 24로 진입해 약 550m 오른쪽 ◎ **주소** 50/6 Sukhumvit Soi 24

2권 ⓑ INFO p.075
📍 MAP p.067G

벤짜씨리 파크
◎ **찾아가기** BTS 프롬퐁 역 6번 출구 이용, 벤짜씨리 공원 옆
◎ **주소** 598-600 Sukhumvit Road

환상적인 위치와 깔끔한 시설

어번 리트리트

Urban Retreat

👤 인기 ★★★★ 🏠 시설 ★★★★ 💼 서비스 ★★★★★ 💲 가성비 ★★★★

BTS 아쏙 역에서 아주 가깝다. 계단을 내려오자마자 바로 보일 정도. 쇼핑센터 내 마사지 숍과 비교해도 접근성이 좋다. 미니멀리즘에 가까운 로비와 개별 룸에서 어번 리트리트의 철학이 묻어난다. 뭐든지 깔끔하게 정돈돼 있어 마사지를 받는 내내 기분이 좋다.

2권 ⓑ INFO p.072
📍 MAP p.066F

◎ **찾아가기** BTS 아쏙 역 4번 출구로 내려가면 바로 보인다.
◎ **주소** 348, 1 Sukhumvit Road 🕐 **시간** 10:00~20:00
⊖ **휴무** 연중무휴 🏠 **홈페이지** www.urbanretreatspa.net

공주풍 장식이 돋보이는

센터 포인트

Center Point

😊 인기 ★★★★　🏠 시설 ★★★★★　💆 서비스 ★★★★★　💲 가성비 ★★★★

방콕에만 네 군데의 지점이 있다. 공주풍 소품과 가구 등으로 아기자기한 느낌을 살렸으며, 침대가 놓인 개별 룸, 페이셜 마사지 룸, 발 마사지 공간 등으로 구분된다. 호불호가 갈리지만 전반적으로 만족스럽다. 타이 마사지의 경우 1시간보다 1시간 30분이 매우 저렴하다.

🕐 **시간** 10:00~24:00　🚫 **휴무** 연중무휴　🏠 **홈페이지** www.centerpointmassage.com

2권 ⓘ INFO p.041 / ⓜ MAP p.035K

2권 ⓘ INFO p.075 / ⓜ MAP p.067G

2권 ⓘ INFO p.103 / ⓜ MAP p.097G

싸얌 스퀘어 3
◎ **찾아가기** BTS 싸얌 역 2번 출구에서 쏘이 3으로 진입해 80m 왼쪽
📍 **주소** 266/3 Siam Square 3, Rama 1 Road

쑤쿰윗 24
◎ **찾아가기** BTS 프롬퐁 역 2번 출구에서 쑤쿰윗 24로 우회전, 20m 오른쪽
📍 **주소** 2/16 Soi Kasem, Sukhumvit 24

씨롬
◎ **찾아가기** BTS 쌀라댕 역 1번 출구에서 약 300m 직진한 후 씨롬 6(쏘이 탄 따완)으로 우회전, 40m 오른쪽
📍 **주소** 128/4-5 Soi Than Tawan, Silom Road

카오산 유일의 본격적인 마사지

빠이 스파

Pai Spa

😊 인기 ★★★★　🏠 시설 ★★★★　💆 서비스 ★★★★★　💲 가성비 ★★★★

길거리에 의자를 깔아놓고 영업하는 카오산 로드의 마사지 숍과는 차원이 다르다. 카오산 로드 일대에서 제대로 된 마사지를 받고 싶다면 무조건 주목할 것. 스파 부문 수상 경력이 있으며, 자체 마사지 스쿨도 운영한다. 나무로 지은 북부 스타일 가옥이 주는 특유의 분위기도 좋다.

2권 ⓘ INFO p.135 / ⓜ MAP p.129H

◎ **찾아가기** 쏭크람 경찰서에서 카오산 로드로 진입, 버디 로지 못 미쳐 쏘이 람부뜨리 골목을 끝까지 간 후 우회전해 약 40m 오른쪽
📍 **주소** 156 Rambuttri Road
🕐 **시간** 10:00~23:00　🚫 **휴무** 연중무휴
🏠 **홈페이지** www.pai-spa.com

가격 대비 최상

헬스 랜드
Health Land

😊 인기 ★★★★★ 🏠 시설 ★★★★★ 💆 서비스 ★★★★ 💲 가성비 ★★★★★

모든 지점이 공연장 같은 초대형 건물에 자리한다. 시설 대비 저렴한 요금 덕분에 한국, 중국 등 외국인 관광객에게 인기. 오일을 사용하지 않는 마사지는 1시간에 400B, 2시간에 600B대다. 개별 룸을 갖춘 깔끔한 시설인데도 요금은 동네 마사지 수준. 마사지사에 따라 기술 차이가 큰 편이다.

🕐 **시간** 10:00~23:00 ⊖ **휴무** 연중무휴 ⊕ **홈페이지** www.healthlandspa.com

2권 ⓘ INFO p.073
⊙ MAP p.066B

아쏙
⊚ **찾아가기** BTS 아쏙 역 1번 출구에서 쑤쿰윗 쏘이 19로 우회전해 350m 간 후 쑤쿰윗 21 쏘이 1로 우회전해 60m 왼쪽
⊙ **주소** 55/5 Sukhumvit Soi 21

2권 ⓘ INFO p.105
⊙ MAP p.096J

싸톤
⊚ **찾아가기** BTS 세인트 루이스 역 4번 출구에서 바로 ⊙ **주소** 120 North Sathon Road

2권 ⓘ INFO p.093
⊙ MAP p.082D

에까마이
⊚ **찾아가기** BTS 에까마이 역 1번 출구 이용, '더 커피 클럽'을 보면서 횡단보도를 건넌 다음 오른쪽 버스 정류장에서 23 · 72 · 545번 버스 승차 후 에까마이 쏘이 10 하차 ⊙ **주소** 96/1 Sukhumvit Soi 63

정성 가득한 손길

쑤말라이
Sumalai

😊 인기 ★★★ 🏠 시설 ★ 💆 서비스 ★★★★ 💲 가성비 ★★★★★

텅러에서 2001년부터 영업해온 마사지 가게다. 요금이 비슷한 마사지 가게들과 마찬가지로 시설은 소박하다. 침대가 자리한 마사지 공간 역시 매우 좁고 어둡다. 그럼에도 다시 찾고 싶은 이유는 정성을 다해 마사지에 임하는 마사지사들의 정성과 실력 때문이다.

2권 ⓘ INFO p.089
⊙ MAP p.082D

⊚ **찾아가기** BTS 텅러 역 3번 출구에서 도보 약 11분, 텅러 쏘이 8 맞은편. 텅러 입구에서 오토바이 택시나 빨간 버스를 이용하는 게 편리하다. ⊙ **주소** 159/14 Thong Lo Soi 7-9
🕐 **시간** 10:00~24:00 ⊖ **휴무** 연중무휴

MANUAL 17
쿠킹 클래스

쿠킹 클래스는 마술이다. 음식 만드는 재미에 몇 시간을 보내다 보면 나도 모르게 요리 지식이 쌓인다.
신맛과 매운맛, 단맛과 짠맛의 조화를 마치 늘 알고 있었던 것처럼 읊조리게 된다.
몇 시간의 투자로 방콕에서 펼쳐지는 쿠킹 매직 쇼에 참여하자. 요리의 마술사가 되는 건 시간문제.

CLASS 1

다양한 요리를 한 번에
**씨롬
타이 쿠킹 스쿨**

Silom Thai Cooking School

2권 ◉ INFO p.104
◉ MAP p.096F

◎ **찾아가기** BTS 총논씨 역 인근.
쿠킹 스쿨을 신청하면 집결 장소와
오는 방법을 문자메시지 혹은 메일로
알려준다.
◉ **주소** 6/14 Decho Road
◉ **시간** 오전 09:00~12:20,
오후 13:40~17:00, 저녁
18:00~21:00 ◉ **휴무** 연중무휴
◉ **가격** 1000B ◉ **홈페이지**
www.silomthaicooking.com

10명 이내 소규모 클래스를 운영한다. 요일별로 요리가 조금씩 다르므로 홈페이지를 통해
확인한 후 신청하면 된다. 한 번에 다섯 가지 요리를 배우는데, 똠얌꿍, 카레, 타이 샐러드,
카우니여우 마무앙 등이 포함된다. 오전·오후·저녁 클래스가 있어 편한 시간에 찾기 좋다. 단,
마켓 투어를 제대로 즐기려면 시장이 문을 여는 오전 클래스를 신청해야 한다.

프로그램과 시간 선택
▼
전화, 홈페이지
메일(info@silomthaicooking.com)
혹은 여행사를 통해 예약
▼
문자메시지 혹은 메일로
집결 시간과 장소 안내
▼
마켓 투어(이브닝 클래스는 제외)
▼
요리

COURSE 7 일요일 오전반

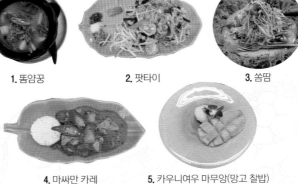

1. 똠얌꿍　　**2.** 팟타이　　**3.** 쏨땀

4. 마싸만 카레　　**5.** 카우니여우 마무앙(망고 찰밥)

CLASS
2

기본부터 충실하게
**쏨퐁
타이 쿠킹 스쿨**

Sompong
Thai Cooking School

프로그램과 시간 선택

홈페이지, 전화(7일 이내 예약 시 전화
필수) 혹은 여행사를 통해 예약

쿠킹 스쿨 방문

마켓 투어

요리

2권 ⓘ INFO p.105
ⓜ MAP p.096F

요일별로 요리가 다르므로 홈페이지를 통해 확인한 후 신청하면 된다. 하루에 배우는 요리는 네 가지. 카레와 디저트가 반드시 포함돼 있다. 본격적인 요리는 인근 시장을 방문하면서 시작한다. 시장에서 구매한 재료를 다듬는 것부터 요리를 완성하기까지 기본부터 충실한 쿠킹 클래스다.

◎ **찾아가기** BTS 세인트 루이스 역 4번 출구 이용. 쏘이 싸톤 12로 진입. 길 끝까지 걸어 큰길인 씨롬 로드가 나오면 좌회전 후 다음 골목인 쏘이 씨롬 13 진입 후 100m ⓐ **주소** 2/6~2/8 Silom Soi 13, Silom Road ⓕ **시간** 09:00~14:00, 15:00~19:00 ⓗ **휴무** 연중무휴 ⓑ **가격** 약 1200B(예약 사이트마다 다름) ⓖ **홈페이지** www.facebook.com/sompongthaicookingschool

TIP !

알아두면 쓸모 있는 쿠킹 클래스 꿀팁

1. 대부분의 쿠킹 클래스에는 마켓 투어가 포함돼 있다. 현지 시장의 대다수는 아침에만 문을 열기 때문에 제대로 된 **마켓 투어를 경험하고 싶다면 반드시 오전 클래스를 신청하자.**

2. 쿠킹 클래스에서는 3~5가지 요리를 직접 하게 된다. 3~4시간가량 수업이 진행돼 시간이 부족할 것 같지만 설거지를 전담하는 분이 따로 있어 요리에만 집중할 수 있다.

3. 쿠킹 클래스에 **참여하기 전 식사는 피할 것. 내가 한 요리는 내가 다 먹어야 한다.** 실컷 요리한 다음 배가 불러 못 먹는 일은 없도록 하자.

4. 요리는 입으로 하는 게 아니니 **영어를 못해도 크게 걱정할 필요는 없다.** 열정만 있다면 언어의 장벽은 아무것도 아니다.

방콕의 밤은
낮 보 다
아 름 답 다

화려하고 몽환적인 밤빛에 물든 방콕.
낮과는 또 다른 아름다움으로 빛난다.

ROOFTOP BAR

셰프 비밀 **방콕 루프톱 바의 드레스 코드** 방콕의 루프톱 바는 대부분 고급 호텔에 자리해 드레스 코드가 있는 경우가 많다. 정장에 구두 혹은 이브닝드레스를 입으라는 뜻은 아니니 지레 겁먹을 필요는 없다. 운동화를 신어도 입장에는 전혀 문제가 없다. 드레스 코드가 스마트 캐주얼이라면 슬리퍼와 운동복은 피하자. 남성은 민소매 상의는 금지되며, 긴바지를 입는 게 좋다.

시로코 & 스카이 바 Sirocco & Sky Bar

방콕에서 가장 인기 있는 루프톱 바
드레스 코드 스마트 캐주얼

르부아 빌딩 63층에 자리한 루프톱 바. 다이닝 공간은 시로코이며, 조명을 밝힌 바가 자리한 곳이 스카이 바다. 스카이 바에서는 짜오프라야 강변을 따라 이어진 방콕의 풍경과 조명을 밝혀 환하게 빛나는 돔의 풍경을 동시에 감상할 수 있다. 오랜 시간 명성을 이어오고 있는 곳이라 사람들이 몰리는 시간에는 움직일 공간조차 없을 정도로 붐비는 게 흠. 전 세계 여행자들이 모여 만들어내는 시끌벅적한 분위기를 즐기고 싶다면 안성맞춤인 장소다.

2권 ⊞ INFO p.107
◉ MAP p.096I

◎ **찾아가기** BTS 싸판딱신 역 3번 출구 짜런끄룽 로드에서 횡단보도 건너 450m, 도보 6분 ◉ **주소** 63rd Floor, Lebua, Silom Road ⏱ **시간** 17:00~24:00 ■ **휴무** 연중무휴

버티고 & 문 바 Vertigo & Moon Bar

방콕을 대표하는 루프톱 바
드레스 코드 스마트 캐주얼

반얀트리 61층에 자리한 루프톱 바. 59층까지 엘리베이터를 이용한 다음 계단을 따라 오르면 야외 다이닝 공간인 버티고가 나온다. 버티고의 가장자리와 연결된 바가 루프톱 바인 문 바. 바에 해당되는 공간은 그리 넓지 않다. 자리에 앉아 조금이라도 여유롭게 조망을 즐기려면 오픈 시간에 맞춰 찾는 게 좋다. 버티고와 같은 조망을 버티고보다 저렴하게 감상할 수 있어 늘 빈자리를 찾기 힘들다. 비가 오는 등 기상이 악화되면 영업을 중단하므로 날씨를 확인한 후 방문하자.

2권 ⓘ INFO p.102
ⓜ MAP p.097H

ⓒ **찾아가기** MRT 룸피니 역 2번 출구에서 나와 사우스 싸톤(싸톤 따이) 로드를 따라 700m, 반얀트리 61층 ⓐ **주소** 61st Floor, Banyan Tree Bangkok, 21/100 South Sathon Road ⓛ **시간** 버티고 18:00~24:00, 문 바 17:00~24:00 ⓗ **휴무** 연중무휴

킹 파워 마하나콘 King Power MahaNakhon

떠오르는 핫 플레이스
드레스 코드 없음

시롬 · 싸톤 지역의 마천루를 호령하는 랜드마크이자 태국에서 가장 높은 빌딩 중 하나다. 건물 높이는 314m. 리츠 칼튼 레지던스, 킹 파워 면세점. 킹 파워 마하나콘이 78층 건물에 들어서 있다. 먼저 1층에서 접수 후 엘리베이터에 오르자. 74층까지 오르는 약 50초 동안 방콕 명소가 올레드 티브이 영상으로 펼쳐진다. 74층은 유리로 마감된 실내 전망대. 다시 엘리베이터를 타고 78층으로 향하면 상쾌한 조망을 선사하는 아웃도어 전망대와 310m 높이에 유리로 마감한 공중 시설인 글래스 트레이(Glass Tray)가 나온다. 아찔한 글래스 트레이를 경험하거나 시원한 바람을 맞으며 루프톱의 정취를 즐기자. 음료는 별도로 주문해야 한다.

2권 ⓘ INFO p.104
ⓜ MAP p.097G

ⓒ **찾아가기** BTS 총논씨 역과 연결 ⓐ **주소** 114 Naradhiwat Rajanagarindra Road ⓛ **시간** 10:00~24:00, 마지막 입장 23:00 ⓗ **휴무** 연중무휴

옥타브 Octave

발아래 아찔하게 펼쳐지는 쑤쿰윗
드레스 코드 스마트 캐주얼

메리어트 텅러에 자리한 루프톱 바. 로비에서 엘리베이터를 타고 45층까지 간 다음 다시 엘리베이터를 이용해 48층으로 향한다.
48층 엘리베이터에서 내려 계단을 오르면 360도 파노라마 경관을 자랑하는 야외 바가 나온다. 야외 바 한가운데에는 조명을
켠 둥근 바가 아담하게 자리해 작은 시로코를 연상케 한다. 쑤쿰윗 일대를 발아래에 둔 공간 곳곳에는 소파, 바 체어 등을 놓은
테이블과 스탠딩 테이블이 있다. 오롯이 경관을 즐기는 게 목적이라면 스탠딩 테이블이 괜찮다.

2권 INFO p.084
MAP p.082E

◎ **찾아가기** BTS 텅러 역 3번 출구 BTS 에까마이 역 방면으로 150m, 도보 2분
◎ **주소** 49th Floor, Bangkok Marriott Hotel Sukhumvit, 2 Sukhumvit Soi 57 ○ **시간** 17:00~02:00
◎ **휴무** 연중무휴

파크 소사이어티 Park Society

차분하고 편안하게 소박한 풍경을 즐기다
드레스 코드 스마트 캐주얼

소 소피텔 방콕에 자리한 루프톱 테라스 바. 9층 로비에서 엘리베이터를 타고 29층으로 간 다음 30층에 자리한 바로 향하면 된다.
바는 식사 공간과 분리돼 야외에 자리하지만 별도의 지붕이 있어 비가 와도 문제없다. 아치형 구조물 조명 아래에 소파 테이블이
배치된 바는 차분하고 편안한 분위기. 룸피니 공원과 그 너머 마천루를 조망하는 풍경도 화려하지 않고 소박하다. 인파로 붐비는
루프톱 바의 분주함을 싫어하는 이들에게 추천한다.

2권 INFO p.102
MAP p.097H

◎ **찾아가기** MRT 룸피니 역 2번 출구 라이프 센터(Life Center) 앞에서 횡단보도 건너 좌회전, 150m, 도보 2분
◎ **주소** 30th Floor, So Sofitel Bangkok, 2 North Sathon Road
○ **시간** 화~일요일 18:00~21:30 ◎ **휴무** 월요일

더 스피크이지 The Speakeasy

빌딩 숲 한가운데 은밀히 파묻히다
드레스 코드 '쪼리' 슬리퍼 금지

랑쑤언 로드의 뮤즈 호텔 24~25층에 자리한 루프톱 바. 주변 전망이 뛰어나진 않지만 눈앞에 빌딩의 향연이 펼쳐져 색다른 야경을 선사한다. 높은 건물 위에서 발아래 풍경을 광활하게 조망하는 일반 루프톱 바와는 확실히 다른 느낌. 빌딩 숲에 아늑하게 안긴 듯하다. 비교적 조용히 전망을 즐기기에 좋으며 음악 또한 잔잔하다. 은밀한 술집을 칭하는 '스피크이지'와 매우 부합하는 분위기의 루프톱 바다.

2권 ⓑ INFO p.056
ⓞ MAP p.054F

◎ **찾아가기** BTS 칫롬 역 4번 출구 랑쑤언 로드로 450m, 도보 7분
◉ **주소** 24th & 25th Floor, Hotel Muse Bangkok Langsuan, 55/555 Lumpini Soi Langsuan
ⓛ **시간** 18:00~24:00 ⊖ **휴무** 연중무휴

레드 스카이 Red Sky

광활하게 아찔하게
드레스 코드 스마트 캐주얼

센타라 그랜드 호텔 55층에 자리한 루프톱 바. 쁘라뚜남과 싸얌, 칫롬 등 시내 중심가의 마천루가 즐비하게 이어져 광활하고 아찔한 조망을 선사한다. 엘리베이터를 타고 '레드 스카이' 층에 내리면 식사 공간이 나오고, 계단을 따라 오르면 야외 바가 나온다. 둥근 형태로 이어진 바는 유리 벽 아래에 테이블이 놓인 형태. 테이블마다 다른 풍경을 감상할 수 있다. 찾는 이들이 많아 조금 거수선하지만 시내 중심가 전망이 장점이다.

2권 ⓑ INFO p.058
ⓞ MAP p.054C

◎ **찾아가기** BTS 칫롬 역 센트럴 월드 출구, 센트럴 월드 7층 SFW 영화관 옆에서 주차장으로 이동해 센타라 그랜드 호텔로 진입 ◉ **주소** 55th Floor, Centara Grand at CentralWorld, 999/99 Rama 1 Road
ⓛ **시간** 17:00~01:00 ⊖ **휴무** 월요일

이글 네스트 Eagle Nest

불 밝힌 왓 아룬을 조망하다
드레스 코드 없음

쌀라 아룬(Sala Arun) 5층에 자리한 루프톱 바. 게스트하우스에서 운영하는 자그마한 바지만 왓 아룬이 바라다보이는 놀라운 조망 덕분에 여행자들의 발길이 끊이지 않는다. 짜오프라야 강변 쪽으로는 조명을 밝힌 왓 아룬이 아름답게 빛나며 반대쪽 건물 너머로 왓 포가 보인다. 주변에 아룬 레지던스(Arun Residence)에서 운영하는 아모로사(Amorosa) 바와 쌀라 랏따나꼬씬(Sala Rattanakosin)에서 운영하는 더 루프(The Roof) 바도 분위기가 비슷하다.

2권 ⓘ INFO p.123
ⓜ MAP p.114J

ⓒ **찾아가기** 타 띠엔 선착장을 나와 첫 번째 시장 골목에서 우회전, 160m, 도보 2분
ⓐ **주소** 47-49 Soi Tha Tian ⓣ **시간** 월~목요일 16:00~22:00, 금~일요일 16:00~24:00
ⓗ **휴무** 연중무휴

스리 식스티 Three Sixty

짜오프라야 강을 품다
드레스 코드 없음

밀레니엄 힐튼 방콕 32층에 자리한 루프톱 바. 짜오프라야 강줄기를 따라 이어진 건물들의 행렬이 한눈에 펼쳐진다. 시로코가 있는 르부아 빌딩은 물론 저 멀리 왕궁과 아시아티크까지 루프톱 바 앞뒤로 시원하게 조망된다. 바는 계단식 플로어에 소파와 바 테이블을 한 방향으로 놓은 형태. 앞뒤로 짜오프라야 강 남단과 북단을 바라보고 있다. 웅장한 전망은 아니지만 차분한 분위기와 짜오프라야가 감싸 안은 따뜻한 풍경이 좋다.

2권 ⓘ INFO p.109
ⓜ MAP p.096E

ⓒ **찾아가기** BTS 싸판딱신 역 2번 출구 싸톤 선착장에서 밀레니엄 힐튼 전용 보트 탑승, 혹은 쉐라톤 호텔 옆 씨 프라야 선착장에서 횡단 보트 이용 ⓐ **주소** 32nd Floor, Millennium Hilton Bangkok, 123 Charoen Nakon Road
ⓣ **시간** 17:00~24:00 ⓗ **휴무** 연중무휴

LIVE MUSIC BAR

아주 좁은 공간을 가득 채우는 음악
애드히어 서틴스 블루스 바
Adhere 13th Blues Bar

보헤미안의 소굴 같은 아주 작은 규모의 바. 매일 밤 10시면 연주자와 관객이 뒤섞인 작은 공간이 음악적인 감성으로 충만해진다. 수준 높은 블루스와 재즈 연주로 명성이 자자해 주말에는 자리를 잡지 못하는 경우가 허다하다. 길거리에 서서 연주를 감상하지 않으려면 서둘러 방문해 자리를 잡자.

2권 ⒝ INFO p.151
⊙ MAP p.148F

이런 사람에게 추천!
재즈 & 블루스. 나만의 음악 세계에 빠지고 싶다면.

⊙ **찾아가기** 카오산 로드 쏭크람 경찰서에서 쌈센 방면으로 500m, 도보 6분 ⊙ **주소** 13 Samsen Road
⊙ **시간** 18:00~24:00 ⊖ **휴무** 연중무휴
⊙ **홈페이지** www.facebook.com/adhere13thbluesbar

전통의 강자
색소폰
Saxophone

전 세계 여행자들의 발길이 끊이지 않는 방콕 라이브 바 전통의 강자. 라이브 음악은 저녁 7시 30분부터 새벽 1시 30분까지 이어진다. 세 팀의 라이브 밴드가 1시간 30분씩 돌아가며 수준 높은 재즈와 블루스를 연주한다. 밤이 깊어져 열기가 더할수록 빈자리는 점점 줄어든다. 조금 늦은 시간에 찾는다면 1층 혹은 2층의 구석자리밖에 남지 않는다. 공연 일정은 홈페이지로 확인하면 된다.

2권 ⒝ INFO p.048
⊙ MAP p.047A

이런 사람에게 추천!
재즈 & 블루스. 감상적이고도 열정적 이고 싶다면.

⊙ **찾아가기** BTS 빅토리 모뉴먼트 역 4번 출구에서 로터리까지 직진해 빅토리 포인트라는 작은 광장을 지난다. 광장 옆 작은 골목에서 약 10m ⊙ **주소** 3/8 Phayathai Road
⊙ **시간** 18:00~02:00 ⊖ **휴무** 연중무휴
⊙ **홈페이지** www.saxophonepub.com

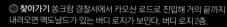

멀리건스 아이리시 바
Mulligans Irish Bar

포켓볼 당구대와 라이브 스포츠 채널이 있고, 다양한 맥주와
음식을 함께 즐기는 일반적인 분위기의 아이리시 펍. 에어컨이
귀한 카오산 로드에서 반가운 술집이다. 밤 10시와 12시 30분, 두
차례에 걸쳐 라이브 공연이 펼쳐진다. 맥주를 진탕 먹고 흥겹게
즐기기에 적당한 분위기. 라이브 공연이 없는 오후 3~8시, 새벽
2~4시는 해피 아워다.

☺ **찾아가기** 쏨크람 경찰서에서 카오산 로드로 진입해 거의 끝까지
내려오면 맥도날드가 있는 버디 로지가 보인다. 버디 로지 2층.
◉ **주소** 265 Khaosan Road
⏱ **시간** 15:00~04:00 ⊖ **휴무** 연중무휴
◉ **홈페이지** www.facebook.com/mulligansirishbarkhaosan

2권 ⓑ INFO p.134
◉ MAP p.129K

이런 사람에게
추천!
팝. 맥주도 음악도 가볍고
경쾌하게.

2권 ⓑ INFO p.134
◉ MAP p.129K

☺ **찾아가기** 쏨크람 경찰서에서 카오산 로드로 진입해 거의 끝까지
내려오면 맥도날드가 있는 버디 로지가 보인다. 버디 로지 1층 안쪽.
◉ **주소** 265 Khaosan Road
⏱ **시간** 19:00~01:30 ⊖ **휴무** 연중무휴
◉ **홈페이지** www.brickbarkhaosan.com

브릭 바
Brick Bar

흥미로운 분위기의 라이브 펍. 외국인 여행자들과 현지인들이
함께 어울려 스카, 레게, 타이 인디, 팝을 라이브로 즐긴다. 저녁
8시, 10시에 30분간, 새벽 12시에 1시간 30분간 공연이 펼쳐진다.
분위기가 무르익으면 모두 자리에서 일어나 리듬에 몸을 맡기고
흥겹게 춤을 춘다. 정기적으로 이벤트를 개최해 유명 가수를
초대하기도 한다. 입장 시 여권 지참 필수.

이런 사람에게
추천!
팝. 모든 것을 잊고 한바탕
놀고 싶은 당신.

MANUAL 19
공연 & 무에타이

라마끼안에 바탕을 둔 태국 전통 공연을 비롯해 레이디보이의 끼와 재치를 엿볼 수 있는 카바레 쇼,
링이 곧 무대인 무에타이 등 태국의 다양한 면모가 살아 숨 쉬는 공연장으로 떠나보자!

태국 최고의 문학 작품인 라마끼안과 함께하는
전통 공연

태국 전통 공연의 종류

콘 라마끼안의 이야기에 바탕을 둔 마스크 공연. 노래와 춤, 연기, 곡예, 음악 등으로 무대를 꾸민다.

라컨 콘과 대중극이 합쳐진 형태. 라마끼안, 자타가 이야기 등이 주제가 된다. 의상과 가면 등은 콘과 유사하지만 노래로 극이 진행되는 점이 다르다. 손과 발 동작이 매우 우아하다.

낭야이 규모가 큰 그림자 인형극. 소가죽 한 장에 등장인물과 배경을 모두 조각한다. 하나의 무게가 3~4kg에 이르며, 무거운 것은 7~8kg까지 나간다고 한다. 주제는 라마끼안. 안타깝게도 방콕에는 공연장이 없다. 낭야이보다 작은 규모의 그림자 인형극은 낭딸룽이라고 한다.

전통 공연과 함께 즐기는 전통 음악

삐팟 Piphat 가면극 콘, 전통 무용 라컨, 그림자 인형극 낭야이에 빠지지 않는 태국 전통 오케스트라다. 연주를 통해 극의 묘미가 배가된다. 삐나이(피리), 따폰(북), 칭(작은 심벌즈), 컹웡야이(둥글게 엮은 징), 끌렁텃(북), 라낫엑(실로폰)을 기본적으로 사용한다.

태국 전통 공연에 빠지지 않고 등장하는 이야기

라마끼안 Ramakian

유래 인도의 발미키가 산스크리트어로 지은 라마야나(볼거리→방콕 명소 베스트 참조)의 태국 버전이다. 아유타야 당시 쓰인 이야기로 톤부리 시대에는 딱신 왕이 궁중에서 공연하기 위해 일부 에피소드를 저술했다. 완전한 이야기 구조를 갖춘 라마끼안이 탄생한 건 라마 1세 때. 이어 라마 2세가 궁중 공연을 위해 몇 개의 장을 골라 집필했으며, 라마 6세는 콘 공연을 위해 라마 2세의 라마끼안을 변형했다. 현재도 콘 공연은 모두 라마끼안의 이야기를 바탕으로 한다.

줄거리 신들의 발을 씻어주는 일을 하는 논톡은 신들의 장난으로 대머리가 됐다. 화가 난 논톡은 신들의 신인 어쑤언(시바)을 찾아가 능력 하나를 달라고 부탁한다. 논톡을 불쌍히 여긴 어쑤언은 가리키는 대로 사람을 죽일

수 있는 다이아몬드 손가락을 선물한다. 논톡이 손가락을 마구 사용해 신들을 죽이자 나라이(비슈누) 신이 나섰다. 아름다운 무희로 변신한 나라이는 논톡을 꾀어 함께 춤을 춘다. 춤을 추던 논톡은 실수로 자신에게 손가락질해 다리가 부러진다. 본래의 모습으로 돌아온 나라이가 논톡을 꾸짖지만 반성의 기미가 없자 나라이와 논톡은 인간 세상에서의 대결을 예고한다.

논톡은 10개의 얼굴과 20개의 손이 달린, 롱까 왕국의 톳싸깐으로, 나라이 신은 야유타야 왕국의 왕자인 프라람으로 태어난다. 프라람은 씨다와 결혼하는데, 씨다에게 반한 톳싸깐은 그녀를 롱까 왕국으로 납치한다. 프라람은 톳싸깐 군대와 전쟁을 하고, 원숭이 왕 하누만의 도움으로 전쟁에서 승리한다. 하지만 프라람은 톳싸깐과 함께했던 씨다의 정절을 의심해 씨다는 프라람을 떠나 프라몽꿋을 낳는다. 이후 프라몽꿋의 중재로 화해한 그들은 아유타야 왕국을 통치하며 행복하게 산다.

콘의 마스크 이야기

콘에서는 신분을 나타내는 도구인 가면이 매우 중요하다. 애초에는 여신과 여자, 여자 악마 일부만 제외하고 모두 가면을 썼지만, 오늘날에는 신과 사람은 모두 가면을 쓰지 않는다. 가면의 종류는 200~300개. 악마 가면의 종류가 가장 많고, 원숭이가 그 뒤를 잇는다. 가면은 종이 반죽을 15겹으로 겹겹이 쌓아 만든다. 이때 쓰는 종이를 '꼬이'라고 하는데, 이는 불교 경전을 만드는 종이와 동일하다.

가면의 틀이 만들어지면 옻나무에서 추출한 액으로 입과 귀, 눈썹을 만들고 가짜 보석으로 장식한다.

악마 빨간색, 흰색, 파란색, 녹색 등 다양하다. 악마 주인공 톳싸깐은 녹색 얼굴로 일부 부위에는 파란색과 금색을 썼다. 붉은 입술과 울룩불룩한 눈, 상아를 연상케 하는 송곳니 등 전반적으로 무서운 이미지다.

원숭이 불의 신 화신 닐라놀은 빨간색, 죽음의 신 화신 닐라팟은 검은색 등으로 색이 다르다. 주요 등장인물인 하누만은 흰색 얼굴로 입 주위를 녹색으로 강조했다. 손오공 머리띠 같은 관을 머리에 쓰고 있다.

전통 공연

수준 높은 콘과 라컨 공연

국립 극장
The National Theatre

2권 ⓘ INFO p.121
◎ MAP p.114B

부정기적으로 콘과 라컨을 공연한다. 정확하진 않지만 콘은 매월 첫째 주 토요일, 라컨은 매월 마지막 주 금요일에 열리는 경우가 많다. 호텔 레스토랑 등지의 태국 전통 공연에 비해 스케일이 방대하며 수준이 높지만 관람료는 저렴하다. 현장에서 티케팅을 하며 자리를 배정하는 방식으로 무대와의 거리에 따라 관람료가 다르다. 공연은 태국어로 진행하며, 영어 팸플릿을 나눠준다.

◎ 찾아가기 왕궁과 탐마쌋 대학교 중간. 마하랏 선착장을 나와 마하랏 로드를 만나면 길 건너 골목으로 직진해 이정표를 보고 좌회전, 300m, 도보 4분 ◉ 주소 Som Det Phra Pin Klao Road ⓘ 시간 부정기, 태국관광청(TAT)에 사전 문의 ⊖ 휴무 부정기
⌚ 홈페이지 www.finearts.go.th(태국어)

전통 공연

공연을 통해 만나는 태국

싸얌 니라밋
Siam Niramit

태국의 역사와 태국인들의 종교관, 축제 등을 80분의 스토리로 묶어내는 대형 공연. 100명이 넘는 배우가 500여 벌의 의상을 소화해내는 화려함의 극치를 보여준다. 총 3막 9장 공연으로 1막은 역사, 2막은 종교관, 3막은 축제로 구성된다. 공연장 밖에는 전통 마을 등 즐길 거리가 다양하다. 태국 전통 춤 등 사전 공연도 놓치기 아쉽다. ※임시 휴업

2권 ⓘ INFO p.078
◎ MAP p.077A

◎ 찾아가기 MRT 타일랜드 컬처럴 센터 역 1번 출구 앞에서 무료 셔틀버스 운행, 18:00~20:00, 15분 간격 운행
◉ 주소 19 Tiamruammit Road ⓘ 시간 공연 20:00~21:20, 실외 사전 공연 19:00~19:30, 디너 17:00~22:00
⊖ 휴무 연중무휴 ⌚ 홈페이지 www.siamniramit.com

레이디보이가 펼쳐내는 열정의 무대
카바레 쇼

태국의 카바레 쇼
화려한 조명 아래 화려한 의상을 입은 트랜스젠더 혹은 여장 남자들이 춤, 노래, 마임 등을 선보이는 무대.

여자인가 남자인가
태국에서 트랜스젠더는 아주 일상적이다. 그곳이 무대가 아니라도 말이다. 태국은 트랜스젠더나 여장 남자에게 매우 관대한 편이라 공무원, 의사, 교사, 서비스직 등 각종 직업군에서 차별 없이 일하는 그들을 어렵지 않게 만날 수 있다. 성 전환을 하고 완전한 외형을 갖춘 트랜스젠더도 있지만 성 전환은 하지 않았지만 여장을 하는 이들, 외형은 남자인데 행동이나 말투가 여성스러운 이들도 있다.

사진 촬영
공연이 끝난 후에는 무용수들과 기념 촬영하는 시간이 마련된다. 이때 팁은 기본. 40B 정도의 팁을 미리 준비하자. 주저하며 지갑을 열어 보이면 큰돈을 뺏길(?) 수 있다.

그 밖의 공연장
방콕에는 칼립소 카바레 외에 맘보 카바레 쇼(Mambo Cabaret Show)가 유명하다. 문제는 조금 불편한 교통. 방콕과 파타야를 함께하는 여정이라면 파타야의 알카자 혹은 티파니 쇼를 고려해보는 것도 괜찮다.

2권 ⓘ INFO p.110
◉ MAP p.110B

카바레 쇼

아시아티크에 자리
칼립소 카바레
Calypso Cabaret

30년 가까운 역사를 지닌 방콕의 유명 카바레 쇼 공연장으로 아티아티크로 이전하며 더욱 새로워졌다. 50여 명에 달하는 아름다운 트랜스젠더들이 화려하고 다양한 무대를 선보인다. 공연 티켓에는 무료 음료가 포함돼 있으며, 공연이 끝난 후 기념 촬영을 할 수 있다.

🚶 찾아가기 BTS 싸판딱신 역에서 내려 싸톤 선착장으로 이동한 후 아시아티크 전용 보트를 타고 아시아티크 하차, 창고 3 안쪽
◉ 주소 Warehouse 3, Asiatique, Charoen Krung Road ⏱ 시간 19:30, 21:15 🚫 휴무 연중무휴 🏠 홈페이지 www.calypsocabaret.com

태국 전통 격투 운동을 무대에서
무에타이

알고 보자! 무에타이 간단 규칙

무에타이는 1000년 이상 이어져 내려온 태국의 전통 격투 운동이다. 펀치, 킥 등 다양한 기술이 허용되며, 무에타이의 기술에 맞게 크게 타격할수록 높은 점수를 얻는다. 판정은 1명의 주심과 3명의 심판관이 한다.

와이 크루 1라운드가 시작되기 전에 양 선수는 전통 음악에 맞춰 경기장 주위를 돌며 춤을 추는 '와이 크루' 퍼포먼스를 진행한다. 와이는 '경의를 표하다', 크루는 '선생님'이라는 뜻으로 무에타이의 조상에게 존경을 표하는 행위다.
라운드 총 5라운드, 각 라운드는 3분간 진행되며, 2분간 휴식 후 다음 라운드에 들어간다. 선수들도 초반 경기에는 큰 힘을 빼지 않는 탓에 1~2라운드보다는 3~5라운드의 열기가 더욱 거세다. 5라운드 이후 추가 라운드는 없다.
금지 물어뜯기, 눈 찌르기, 박치기, 레슬링, 급소 공격, 로프 잡기 등은 금지된다.
KO 녹다운됐거나 10초 내에 경기를 재개할 수 없을 때는 KO패로 인정한다. 선수가 심각한 부상을 입은 경우, 휴식 후 경기를 재개할 수 없는 경우, 같은 라운드에 두 번의 카운트를 받은 경우 등은 TKO패로 인정한다.

배워보자! 무에타이

무에타이의 원조 태국에서 무에타이를 배워보자. 조금은 거칠어 보이지만 그 의미를 이해하고 배우면 몸과 마음을 모두 단련할 수 있다. 현재 무에타이는 격투의 목적뿐 아니라 건강을 위한 취미 스포츠로 각광받고 있으며 방콕을 비롯한 태국의 주요 도시에서 현대적 시설의 무에타이 체육관을 운영한다. 체육관마다 차이는 있지만 1시간, 일주일, 한 달 수업 등 초보자도 쉽게 따라 할 수 있는 다양한 프로그램을 갖추었다.

무에타이 스트리트
Muay Thai Street

카오산 인근 프라아팃 로드에 자리한 무에타이 체육관이다. 방콕 올드 시티 쪽에 머문다면 접근성이 매우 좋다. 새로이 오픈해 시설이 깨끗하며 개별 레슨도 가능하다. 현장 접수 가능.

랏차담넌 스타디움
무에타이 아카데미 RSM

BTS 아쏙 역 인근에 자리해 접근성이 좋으며 시설이 깨끗하다. 초보자를 위한 90분 코스 워밍업으로 무에타이에 입문해보자. 여성들에게도 인기가 많다. 현장 접수 가능.

2권 ⓘ INFO p.135
ⓜ MAP p.128F

2권
ⓜ MAP p.066F

ⓒ **찾아가기** 프라아팃 선착장에서 나와 우회전, 길 건너 나이 쏘이 국수 가게를 지나자마자 나오는 골목으로 좌회전
ⓐ **주소** Phra Athit Road, Soi Chana Songkhram
ⓣ **시간** 24시간 ⓗ **휴무** 연중무휴
ⓗ **홈페이지** www.facebook.com/muaythai.streetshop

ⓒ **찾아가기** BTS 아쏙 역 3번 출구 이용. 쑤쿰윗 쏘이 23 옆 자스민 빌딩 2층
ⓐ **주소** 2nd Floor, Jasmine City, Sukhumvit Soi 23
ⓣ **시간** 09:00~21:00 ⓗ **휴무** 연중무휴
ⓗ **홈페이지** www.facebook.com/RsmAcademy

화려한 촛불의 향연
러이 끄라통 Loy Krathong Festival

매년 11월이면 태국 전역에 러이 끄라통 축제가 펼쳐진다. 끄라통은 바나나 잎으로 만든 연꽃 모양의
작은 배. 끄라통에 불을 밝힌 초와 향, 꽃, 동전 등을 실어 강물이나 호수에 띄워 보내며 소원을 빈다.
이때 끄라통의 촛불이 꺼지지 않고 멀리 떠내려가면 소원이 이뤄진다고 믿는다. 고요하고 잔잔하게
흐르는 물 위를 수놓는 촛불은 그야말로 장관을 이룬다. 특히 치앙마이 등 북부에서는 끄라통과
함께 천등을 날린다. 천등을 뜻하는 러이와 끄라통이 합쳐져 축제는 러이 끄라통이라 불리게
됐다. 축제의 기원에 대해서는 세 가지 설이 있다. 하나는 물의 정령에게 지내는 제사라는 설이다.
치앙마이와 동북부인들은 커다란 끄라통을 만들어 횃불을 밝히고 그 안에 식량과 옷을 넣어 떠내려
보냈다. 이는 강 하류에 사는 가난한 사람들에게 전달됐는데, 이를 통해 자신들의 죄를 씻고자 했다.
두 번째는 농민 삶의 원천인 물의 풍요에 감사드리기 위해 물의 여신에게 올리는 제라는 설이다.
세 번째는 저녁에 밖에서 시간을 보내며 즐기기 위해 초를 밝혀 끄라통을 띄웠다는 설이다. 축제는
끄라통을 물에 떠내려 보내는 것 외에 다양한 프로그램으로 진행된다.

MANUAL 21
1일 투어

ONE DAY TRIP in BANG KOK

1일 투어로 떠나는 방콕 근교

대중교통으로 찾기 힘든 방콕 주변의 볼거리를 단시간에 섭렵하는 1일 투어는
짧은 여정을 부드럽게 소화하는 하나의 방법이다.
방콕에서 2~3일 머물며 방콕 근교 여행을 계획했다면 1일 투어를 적극 활용하자.
여기에서는 깐짜나부리와 담넌 싸두악 수상 시장, 암파와 수상 시장, 매끌렁 시장을 소개한다.

1일 투어란?

하루 혹은 한나절 일정으로 여행사에서 진행하는
투어 프로그램. 대부분 왕복 차량과 가이드, 점심
식사가 포함된다. 여행사마다 포함 사항이나
가격이 다르므로 꼼꼼히 비교한 후 선택하자.

이런 여행자에게 추천!

☑ 시간 여유가 없는 사람
☑ 짧은 시간 동안 여러 곳을 구경하고 싶은 사람
☑ 대중교통을 이용하기 귀찮은 사람

신청 방법은?

인터넷과 현지 신청 모두 가능하다. 현지에서 신청하는 경우, 최소 1일
전에 문의하는 게 좋다. 여행사는 호텔을 포함한 방콕 시내 곳곳과 카오산
로드 등지에서 어렵지 않게 찾을 수 있다. 대표적인 인터넷 예매처는 몽키
트래블(thai.monkeytravel.com) 등이 있다.

출발 장소는?

프로그램마다 다르다. 호텔로 픽업을 오기도 하고,
특정 장소에서 만나기도 한다. 호텔 픽업 상품이라면
픽업 차량이 조금 늦더라도 여유를 갖고 기다리자.
나를 빼고 가는 일은 거의 없다.

TOUR 01 🚐 약 12시간   에라완 국립공원 + 콰이 강의 다리 투어

07:00	11:00	12:00
투어 픽업 또는 집합	에라완 폭포 도착 & 자유 시간	점심 식사

19:00	16:30	16:00	15:00
방콕 시내 도착	방콕으로 출발	콰이 강의 다리 도착, 콰이 강의 다리 옆 전쟁 박물관 입장료 별도 지불	에라완 폭포에서 출발, 콰이 강의 다리로 이동

1일 투어 대표 강자

깐짜나부리
Kanchanaburi

2권 ⓘ INFO p.170
📍 MAP p.172

깐짜나부리 1일 투어는 에라완 국립공원과 싸이욕 너이 폭포, 트레킹, 죽음의 철도, 제스 박물관, 콰이 강의 다리, 연합군 묘지, 헬파이어 패스 등지를 조합한 다양한 프로그램을 선보인다. 테마는 크게 '자연'과 '역사'다. 에메랄드빛 폭포와 소가 층층이 이어지는 에라완 국립공원과 남똑 역과 가까워 개별 여행자들도 즐겨 찾는 싸이욕 너이 폭포는 깐짜나부리를 대표하는 자연 풍경이다. 뗏목을 타고 콰이 강을 트레킹하는 것도 깐짜나부리의 자연을 즐기는 하나의 방법이다. 역사 여행은 죽음으로 철도와 관련이 깊다. 제2차 세계대전에 참전한 일본군은 미얀마를 포함한 서부 아시아를 점령하기 위해 태국에서 미얀마를 잇는 철도를 건설한다. 철도 건설에는 6만 명 이상의 연합군 포로와 약 20만 명의 아시아 노동자가 투입됐다. 전세가 불리해 다급해진 일본은 난코스의 공사를 강행해 1만6000명의 연합군 포로와 10만 명의 노동자를 죽음으로 몰아넣었다. 그런 이유로 이 철로는 죽음의 철도라는 별칭을 얻었다. 죽음의 철도 중 한 구간인 콰이 강의 다리, 포로수용소를 재현해 사진을 전시하는 제스 박물관, 사망한 전쟁 포로를 안치한 연합군 묘지 등지는 깐짜나부리 시내와 가까운 역사 유적. 역사 여행에 관심이 깊다면, 시내에서 거리가 있지만, 헬파이어 패스가 포함된 1일 투어를 추천한다.

◎ **찾아가기** 여행사에서 판매하는 1일 투어 이용
◉ **주소** Amphoe Mueang Kanchanaburi

TOUR 02
약 6시간

담넌 싸두악 수상 시장 + 매끌렁 시장

07:30
투어 픽업 또는 집합

09:00
담넌 싸두악 수상 시장 도착 & 보트 체험

11:00
매끌렁 시장 도착

13:30
방콕 시내 도착

11:30
기차 탑승

방콕 근교 최대 수상 시장
담넌 싸두악 수상 시장
Damnoen Saduak Floating Market

2권 INFO p.169

MAP p.166

방콕에서 서쪽으로 약 100km 떨어진 곳에 자리한 수상 시장이다. 담넌 싸두악 시장에서 가장 번성한 시장은 100년 이상 된 똔 켐 시장. 수로를 따라 연결된 가옥 사이를 헤치고 지나는 배들은 시장 기능을 대신한다. 수상 시장에서는 배를 타도, 수로를 따라 난 길을 걸어도 좋다. 과일과 국수 등 먹거리를 판매하는 배가 수로를 따라 움직이기도 하고, 정박해 있기도 한다. 수로를 따라 옷, 액세서리, 기념품 등을 판매하는 가게가 자리해 소소한 쇼핑을 즐기기에도 좋다. 수로가 보이는 다리에 올라 수상 시장의 풍경을 카메라에 담는 것도 잊지 말자. 이국적인 풍경 사진을 담을 수 있다. 담넌 싸두악 수상 시장에서는 오전에 활발하게 상거래가 이뤄진다. 가장 활기를 띠는 시간은 오전 9시경이지만 오후 12시까지도 시장의 활기는 지속된다. 관광객이 너무 많이 찾아 정겨운 옛 모습을 상당 부분 잃은 건 사실이나 그래도 여전히 담넌 싸두악은 방콕 인근에서 가장 크고 볼만한 수상 시장이다. 담넌 싸두악 1일 투어는 매끌렁 시장 등의 볼거리와 묶어서 진행하는 경우가 많다. 참고로 약 15km 떨어진 곳에는 인기 수상 시장 중 하나인 암파와 수상 시장이 자리한다.

◎ **찾아가기** 여행사에서 판매하는 1일 투어 이용
◉ **주소** Damnoen Saduak, Amphoe Damnoen Saduak
⏱ **시간** 09:00~12:00
⊖ **휴무** 연중무휴

TOUR 03

약 **8시간**

암파와 수상 시장 + 매끌렁 시장 + 반딧불이 투어

13:00
투어 픽업 또는 집합

15:00
매끌렁 시장

15:40
암파와로 출발

21:30
방콕 시내 도착

19:30
방콕으로 출발

18:30
미팅 장소로 모여
보트 타고 반딧불이 구경(1시간)

16:00
암파와 도착,
자유 시간
(쇼핑 및 저녁 식사)

수상 시장과 반딧불이 투어

암파와 수상 시장
Amphawa Floating Market

2권 ⓘ INFO p.169

◉ MAP p.166

방콕에서 남서쪽으로 약 80km 거리에 위치한 암파와에 있는 수상 시장이다. 수상 시장 풍경과 더불어 운하 마을의 정취를 맛보러 많은 태국인들이 시장이 문을 여는 주말에 이곳을 찾는다. 주말이면 수상 시장 일대에 정체 현상이 일어나고, 수로를 따라 걷기 힘들 정도로 많은 인파가 몰린다. 의지에 따라 발걸음을 떼기도 힘들 정도. 담넌 싸두악에 비해 소박한 모습을 간직한 곳이라지만, 이 정도면 제대로 된 모습을 발견하기는 힘들다.

암파와의 수로를 따라서는 과일이나 국수, 해산물 등 먹거리를 판매하는 나룻배들이 돌아다니거나 정박해 있다. 투어용 보트를 타고 수로를 다니거나 수로를 걸으며 구경에 나서자. 암파와에서는 시장 구경이 대충 끝나더라도 밤을 기다려야 한다. 어둠이 내릴 때쯤 시작되는 반딧불이 투어 때문이다. 반딧불이 투어는 이름 그대로 배를 타고 수로를 떠다니며 반딧불이를 감상하는 투어다. 운이 없다면 많은 반딧불이를 볼 수 없지만, 해 질 녘 풍경을 감상하는 것만으로도 추억이 된다. 암파와 수상 시장 1일 투어는 대개 오후에 출발해 반딧불이를 보고 돌아오는 프로그램으로 구성된다.

◎ **찾아가기** 여행사에서 판매하는 1일 투어 이용
◉ **주소** Amphoe Amphawa
🕐 **시간** 금~일요일 08:00~21:00
⊖ **휴무** 월~목요일

TIP !

위험한 기차를 못 볼 수도 있다?!

매끌렁 시장에서의 기차 사정에 따라 기차가 운행하지 않거나, 기차 운행 시간이 사전 안내 없이 변경될 수도 있다. 또는 당일 교통 사정에 따라 기차가 운행되는 시간을 맞추지 못할 수도 있어 투어를 신청해도 기차가 지나가는 것을 보지 못하는 경우도 있다.

ⓒ **찾아가기** 여행사에서 판매하는 1일 투어 이용
ⓐ **주소** Tambon Mae Klong, Amphoe Mueang Samut Songkhram
ⓒ **시간** 매끌렁 도착 08:30 · 11:10 · 14:30 · 17:40, 매끌렁 출발 06:20 · 09:00 · 11:30 · 15:30
ⓒ **휴무** 연중무휴

위험하지만 매력적인
매끌렁 시장
Maeklong Railway Market

2권 ⓘ INFO p.168
ⓜ MAP p.166

방콕에서 남서쪽으로 약 80km, 담넌 싸두악 수상 시장에서 약 20km 떨어진 매끌렁에 자리한 시장이다. 현지인들을 위한 대규모 시장으로 여행자들 사이에서는 일명 '위험한 시장'으로 불린다. 이유는 다음과 같다. 매끌렁 시장 인근에는 매끌렁 기차역이 있다. 한데 이 기차역으로 들어오는 기차는 하루에 몇 대밖에 안 된다. 상인들은 좀 더 넓고 편리하게 공간을 쓰기 위해 선로 바로 옆까지 판매대와 그늘막을 놓았다. 기차가 들어오는 잠시 잠깐만 수고로우면 그만이기 때문이다. 상인들의 노하우가 쌓이며 물건을 넣고 빼는 일은 5분 안에 신속하게 이뤄진다. 서랍 형태의 판매대를 제작하거나 접었다 펴기 좋은 그늘막을 사용하는 상인들도 있다. 그들의 노하우와 시장을 관통해 천천히 움직이는 기차는 여행자들에게 신기한 볼거리로 다가온다. 기차가 지나가기 무섭게 다시 판매대와 그늘막을 펴는 모습도 이채롭다. 채소, 과일, 생선, 육류, 잡화 등을 판매하는 시장에서 여행자들이 탐낼 만한 아이템은 거의 없다. 그럼에도 위험한 시장은 확실히 매력적인 볼거리다. 1일 투어는 담넌 싸두악과 매끌렁 시장을 묶어 운영하는 경우가 많다. 이른 아침에 담넌 싸두악을 돌아보고 기차 시간에 맞춰 매끌렁 시장을 찾는다. 투어 프로그램에는 기차 탑승도 포함된다.

SHOPPIN

천연 스파 제품, 태국 요리 식재료, 의류와
액세서리 등 어떤 아이템이라도 좋다. 나만의
위시 리스트를 만들어 방콕 여행을 떠나자.
쇼핑센터, 아시아티크, 짜뚜짝 주말 시장,
카오산 로드 길거리 노점 등 남녀노소 전
세계인을 만족시키는 방콕의 쇼핑 스폿은
무궁무진하다.

218	**MANUAL 22**
	쇼핑센터
226	**MANUAL 23**
	스파 코즈메틱
236	**MANUAL 24**
	시장
246	**MANUAL 25**
	로열 프로젝트 숍

INTRO

쇼핑 마니아라면 꼭 알아야 할
부가세 환급 VAT Refund

쑤완나품 공항 4층에 위치한 광장 D의 게이트 D1–D4, D5–D8에 2개의 부가세 환급 사무소가 있다. 2006년 9월 15일에 오픈한 사무소는 'VAT Refund' 사인이 있는 숍에서 구매한 물품을 세관검사필증(출국일 공항 체크인 전에 방문 필수)이 있는 부가세 환급 신청서와 함께 제시하면 부가세를 환급받을 수 있다.

환급 대상
▶태국 내 국제공항 출발 탑승객

▶'VAT Refund' 사인보드가 있는 숍에서 물건을 구입한 여행객

▶태국 출발 전 세관에 부가세 환급 신청서와 구매 영수증 원본 제출 여행객

절대 잊지 말아야 할 환급 조건!
▶부가세 환급은 물품 구입 후 60일 이내에 태국을 떠나는 여행객에 해당한다.

▶물품은 'VAT Refund' 사인이 있는 가게에서 구입해야 한다.

▶한곳에서 최소 2000B 이상 구매

▶하루 동안 한곳에서 구매한 영수증의 합계

▶환급 용지 받아두기

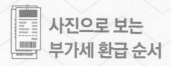

사진으로 보는 부가세 환급 순서

❶ 부가세 환급(VAT Refund) 해당 쇼핑센터인지 확인

❷ 영수증과 여권을 지참해 쇼핑센터 내 부가세 환급 업무 데스크 방문. 쇼핑 당일 2000B 이상 구매 시 부가세 환급 가능

❸ 노란색 환급 서류를 잘 보관한다.

❹ 출국일 공항 체크인 전에 부가세 환급 창구(VAT Refund for Tourist Information) 방문. 쑤완나품 공항 출국장 제일 끝 쪽인 U 카운터 옆에 자리한다. 노란색 환급 서류와 여권을 주면 도장을 찍어준다. 대상 물품을 확인하는 경우가 있으므로 반드시 짐을 부치기 전에 방문할 것

❺ 출국 체크인. 짐은 부쳐도 된다.

❻ 출국 심사 후 이정표를 따라 게이트와 가까운 쪽의 부가세 환급 창구(VAT Refund for Tourist) 방문. 현장에서 현금으로 환급해준다.

방콕 쇼핑을
한방에 해결한다!

에어컨 빵빵한 쇼핑센터는
방콕 쇼핑을 즐기는 현명한
방법 중 하나다.
태국 여행의 필수 쇼핑
아이템은 이곳에 모두 모여
있기 때문!
태국 대표 슈퍼마켓을 비롯해
잡화 브랜드, 드러그 스토어,
스파 코즈메틱 체인이
모두 입점해 있는
쇼핑센터를 파헤쳐 보자.

I ♥ KHAOSAN

카오산 로드

왕궁

왓 포

왓 아룬

아이콘 싸얌

BTS
싸판딱신

THON BURI

아시아티크

CHOM THONG

BANG KHO
LAEM

RATCHATHEWI

DIN DAENG

파라곤

센트럴 월드

BTS
싸얌

BTS
칫롬

ATHUM
N DISTRICT

터미널 21

BTS
아쏙

엠쿼티어 & 엠포리움

BTS
프롬퐁

WAT THANA

KHLONG TOEI

⟨BTS 역으로 확인하는 방콕 쇼핑센터 리스트⟩

BTS 빅토리 모뉴먼트
킹 파워 콤플렉스

BTS 싸얌
싸얌 파라곤
싸얌 센터
싸얌 디스커버리
싸얌 스퀘어 원

BTS 칫롬
센트럴 월드
게이손
센트럴 칫롬
빅 시 슈퍼센터

BTS 프런찟
센트럴 앰버시

BTS 아쏙 • MRT 쑤쿰윗
터미널 21

BTS 프롬퐁
엠쿼티어·엠포리움

BTS 에까마이
게이트웨이 에까마이

BTS 내셔널 스타디움
MBK

BTS 쌀라댕
씨롬 콤플렉스

BTS 짜런나콘
아이콘 싸얌

고메 마켓
Gourmet Market

주요 쇼핑센터에 입점해 있는 대형 마트. 가격대가 높은 편이지만 쇼핑 환경이 쾌적하고 만족도가 높다. 싸얌 파라곤과 엠쿼티어 매장은 규모가 아주 크다.

톱스
Tops

센트럴 백화점과 로빈슨 백화점에 다수 입점해 있는 슈퍼마켓이다. 개별 매장으로는 BTS 프롬퐁 역과 가까운 쑤쿰윗 41과 텅러 매장이 찾기 좋다. 수입 상품이 많은 편이다.

센트럴 푸드 홀
Central Food Hall

센트럴 월드 외에 센트럴 칫롬 센트럴 플라자 방나 등에도 매장을 운영한다. 통로가 매우 넓어 쾌적하게 쇼핑할 수 있다. 수입 식품을 다양하게 취급하며 가격대가 높은 편이다.

빅시 슈퍼센터
Bic C Supercenter

방콕은 물론 태국 전역에 체인점을 운영 중인 대형 마트. 서민적인 분위기로 매우 저렴하다. 센트럴 월드 인근에 자리한 랏차담리 로드에 2~3층 규모의 큰 매장이 있다.

빌라 마켓
Villa Market

방콕 곳곳에 체인점을 둔. 그리 크지 않은 규모의 슈퍼마켓. BTS 프롬퐁 역 인근과 텅러 제이 애비뉴의 매장을 즐겨 찾게 된다. 프롬퐁 매장은 24시간 운영한다.

쇼핑센터 드러그 스토어 득템 리스트

부츠
Boots

방콕 전역에서 볼 수 있는 대표적 드러그 스토어 체인. 한국에서 구하기 힘든 자체 제작 상품도 있어 인기가 있다.

왓슨스
Watson's

마찬가지로 대표 드러그 스토어 체인. 뷰티 쪽이 조금 더 특화된 느낌이다. 관심 있는 제품이 있다면 가격 비교를 해보는 것이 좋다.

100ml 225B,
200ml 405B

니조랄

평소 니조랄을 사용한다면 눈독 들일
만한 아이템. 한국보다 훨씬 저렴하다.

25B

야돔

코에 대고 향을 맡으면 코가 뻥 뚫리는 듯한 허브
밤. 한번 맛들이면 헤어나지 못하는 중독성이 있다.
그래서 경계 또 경계해야 할 아이템. 솔직히 콧구멍
에 야돔을 넣고 있는 모습이 썩 아름답진 않다.

75B

써펠(Soffell)
모기 퇴치 스프레이

향도 좋고 모기 퇴치 효과도 탁월한
잇 아이템. 모기에게 사랑받는 달달한
피의 소유자에게 강추한다.

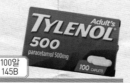

100알
145B

타이레놀 500

가격이 한국에 비해 5분의 1 수준이다.
상비약으로 준비하자.

40B

따깝하또와 기침약

기침, 가래, 감기에 효과적인 제품.
알갱이 형태의 알약 2~4정을 섭취하면
건조한 목이 촉촉해진다. 숙취로 입이
마를 때에도 효과적이다. 지네 5마리
(따깝하또와)에서 생산하는 제품.

MANUAL 23
스파 코즈메틱

고급 스파를 집 안으로
데려오는 방법

스파 제품 쇼핑은 태국 스파를 경험하는 가장
편리하고 저렴한 방법이다. 스파 제품의 뚜껑을 여는
것만으로 편안하고 고급스러운 태국의 스파를
집 안으로 데려올 수 있다. 가격대가 높은 편이지만
몸과 마음의 건강을 고려하면 그 이상의 가치를
느낄 수 있다. 후회하지 않을 만족감을 안겨줄 태국의
대표 스파 코즈메틱 브랜드를 소개한다.

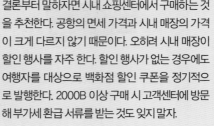

MASSAGE & SPA

스파 제품, 면세점과 시내 매장,
어디가 더 저렴할까?

결론부터 말하자면 시내 쇼핑센터에서 구매하는 것
을 추천한다. 공항의 면세 가격과 시내 매장의 가격
이 크게 다르지 않기 때문이다. 오히려 시내 매장이
할인 행사를 자주 한다. 할인 행사가 없는 경우에도
여행자를 대상으로 백화점 할인 쿠폰을 정기적으
로 발행한다. 2000B 이상 구매 시 고객센터에 방문
해 부가세 환급 서류를 받는 것도 잊지 말자.

나에게 맞는 스파 코즈메틱 브랜드는?

강력한 보습력과 촉촉함

디와나
DIVANA

자극 없는 부드러움

어브
ERB

동양의 신비를 담은 향기

탄
THANN

우아함과 고급스러움

판퓨리
PANPURI

인공적이지 않은 자연의 향

한
HARNN

강렬하게 압축된 향기

카르마카멧
KARMAKAMET

발랄한 소녀를 닮은 제품

도나 창
DONNA CHANG

여행자에게 인기폭발 천연 비누

마담 행
MADAME HENG

아주 칭찬해
디와나
DIVANA

🏪 **싸얌 파라곤 G · 4층 이그조틱 타이, 엠포리움 4층 이그조틱 타이**

디와나 스파의 유명세에 비해 스파 제품 자체는 선호도를 따질 수 없을 정도로 알려지지 않았다. 인터넷에 그 흔한 후기 하나도 찾아보기 힘들지만, 디와나 제품에 한번 빠지면 헤어나오기 힘들 거라 장담한다. 강력한 보습력과 촉촉함을 갖춘 보디크림이나 핸드크림을 찾는다면 디와나에 주목하자. 만족을 넘어 칭송하는 자신을 발견하게 된다. 개별 매장 외에 디와나 스파의 각 지점에서 스파 제품을 구입할 수 있다.

싸얌 파라곤
◎ **찾아가기** BTS 싸얌 역 싸얌 파라곤 출구 이용, 싸얌 파라곤 G · 4층 ◉ **주소** G & 4th Floor, Siam Paragon, Rama 1 Road
🕐 **시간** 10:00~22:00 ⊖ **휴무** 연중무휴
⊛ **홈페이지** www.divana-dvn.com

2권 ⦿ **MAP** p.035H

350B

80g 850B
30g 350B

키스 미 립밤
Kiss Me Lip Balm
어떤 립밤도 건조함을 해결해주지
못했다면 도전해볼 것. 한번 바르면
오랜 시간 촉촉함이 유지된다. 그레이프
프루트와 망고 향이 있다.

피타 진저 올리브 모이스처 엠파이어
오가닉 핸드크림
Pitta Ginger Olive Moisture Empire
Organic Hand Cream
부드럽게 스며들어 촉촉하고 가볍게 남는다.
사용 후 끈적끈적하게 묻어나는 핸드크림과는
비교할 수 없이 좋다. 망고, 레몬그라스,
재스민, 오키드 등 종류가 다양하다.

1250B

피타 진저 올리브 모이스처
엠파이어 보디 버터
Pitta Ginger Olive
Moisture Empire Body
Butter
피타 진저 올리브 향에 매료돼
구매한 제품. 향은 좋으나
보습력은 보디 콜라겐 크림에
조금 못 미친다. 악건성이 아닌
이상은 무리 없는 제품.

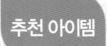

추천 아이템

1850B

스위트 로즈 멜로디 보디 콜라겐
Sweet Rose Melody Body Collagen
손 떨리는 가격이지만 제값을 한다. 은은한 분홍
장밋빛에 향기도, 수분 공급 효과도 아주 좋다.
안티에이징 제품이라고 추천한 직원의 말이
맞았다. 촉촉함이 며칠 지속돼 원래 있던 주름도
펴질 것 같다.

콜라겐 타임 리버설
Collagen Time
Reversal
디와나 브랜드인 디(Dii)에서
선보이는 페이셜 제품. 바르
는 즉시 탄력이 생기는 느낌
이다.

2350B

1500B

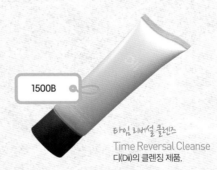

타임 리버설 클렌즈
Time Reversal Cleanse
디(Dii)의 클렌징 제품.

2350B

더 클래시 엘레먼츠 룸 프레이그런스
The Four Classy Elements Room Fragrance
지구, 불, 물, 공기의 색과 향을 담은 디퓨저. 용량이 큰 디퓨저보다 여러
향을 경험할 수 있어 좋다. 박스에 들어 있는 리드를 사용하면 한 병에 두 달
정도 가는데, 향이 나는 듯 마는 듯해 아쉽다. 다른 스파 브랜드의 디퓨저에
비해 저렴한 편이다.

자극적이지 않은 천연 제품을 찾는다면

어브 ERB

🏬 센트럴 월드 1층, 싸얌 파라곤 G · 4층 이그조틱 타이, 엠포리움 4층 이그조틱 타이

태국의 유명 패션 디자이너인 팟트리 팍디붓(Pattree Bhakdibutr)이 2000년에 론칭한 스파 브랜드다. 천연 재료가 주성분으로 인체에 해로운 파라벤 방부제나 화학 성분은 사용하지 않는다. 여러 컬렉션 중에서도 페이셜 제품의 세븐 폴른(Seven Pollen) 컬렉션과 페이셜, 보디 제품인 프린세스 파(Princess Pa) 컬렉션이 아주 좋다. 한국인들에게 유명하진 않지만 어떤 제품을 선택해도 만족도가 높은 추천 브랜드다.

2권 ⓘ INFO p.059
◉ MAP p.054C

센트럴 월드
☺ 찾아가기 BTS 칫롬 역 센트럴 월드 출구 이용, 센트럴 월드 1층
◉ 주소 1st Floor(Block A116), Central World, Ratchadamri Road
🕐 시간 10:00~22:00 ⊖ 휴무 연중무휴
⊛ 홈페이지 www.erbasia.com

추천 아이템

3350B

590B

페이셜 미네랄 워터
Facial Mineral Water
순수 미네랄 워터와 연꽃, 장미수를 담은 100% 천연 미스트. 모든 스킨 타입에 사용 가능하다. 얼굴에 뿌리는 즉시 촉촉함을 느낄 수 있다.

1090B

라벤더 러시 샤워 젤
Lavender Lush Shower Gel
유기농 라벤더, 병풀, 꿀을 함유한 샤워 젤. 향이 강한 편이라 향에 민감한 이들에게는 추천하지 않는다. 공중 목욕탕에서 사용하면 향이 주변을 정화시키는 느낌이 든다.

세븐 폴른 페이스 세럼
Seven Pollen Face Serum
재스민, 연꽃, 일랑일랑 등 일곱 가지 꽃에서 추출한 천연 성분을 담은 세럼. 한두 방울 떨어뜨려 얼굴에 골고루 펴 바르면 된다. 어브 최고 인기 상품 중 하나.

태국 대표 스파 브랜드는 나야 나!

탄 THANN

게이손 3층, 센트럴 월드 2층, 싸얌 파라곤 3층, 싸얌 파라곤 G·4층 이그조틱 타이, 싸얌 센터 1층, 싸얌 디스커버리 3층, 엠포리움 5층, 엠포리움 4층 이그조틱 타이, 아이콘 싸얌 4층

한국인의 선호도가 높은 태국 스파 브랜드. 2002년부터 영업을 시작해 우리나라를 포함한 전 세계 10여 개국에 지점을 운영한다. 추천 컬렉션은 라이스(Rice)와 시소(Shiso). 쌀겨에서 뽑아낸 오일을 함유한 라이스 컬렉션은 수분 공급에 효과적이다. 식물의 잎과 씨에서 뽑아낸 시소는 비타민 A와 비타민 C가 풍부해 안티에이징에 좋다. 다른 스파 브랜드에 비해 페이셜 제품이 알차고 인기가 많다.

게이손
◎ **찾아가기** BTS 칫롬 역 게이손 출구 이용, 게이손 3층
◈ **주소** 3rd Floor, Gaysorn, Phloen Chit Road
① **시간** 10:00~22:00 ● **휴무** 연중무휴 ● **홈페이지** thann. INFO

2권 ⑧ **INFO** p.060
◎ **MAP** p.054C

추천 아이템

1200B

라이스 엑스트랙트 모이스처라이징 크림
Rice Extract Moisturizing Cream
쌀겨와 시어버터를 함유한 크림. 피부를 밝고 투명하며 촉촉하게 가꿔준다고 한다. 투명도는 확인할 수 없었지만 수분 공급 효과는 확실하다.

590B

로즈 워터 프레이그런스 미스트
Rose Water Fragrance Mist
보디 미스트. 장미, 레몬그라스, 크랜베리 등 다섯 가지 향이 있다. 겨울보다는 봄가을에 사용하기 좋다. 뿌릴 때 코끝이 찡할 정도로 향이 강해 약간 거부감이 드는 것이 단점.

900B

아트린젠트 토너
Astringent Toner
기초 화장품. 은은한 향기가 특징이며 순하고 부드럽게 스며들어 만족스러운 제품.

990B

라이스 엑스트랙트 보디 밀크
Rice Extract Body Milk
고품질의 쌀겨가 다량 함유된 보디 밀크. 동양적인 향이 너무나 좋다. 공중목욕탕에서 발랐더니 할머니들이 몰려와 계피 향이 난다고 한다. 계피 성분은 전혀 들어 있지 않다.

고급 스파의 기억을 소환하다
판퓨리 PANPURI

◇∘◇∘◇∘◇∘◇∘◇∘◇∘◇

게이손 L·2층, 센트럴 월드 1층, 센트럴 월드 젠 백화점 7층, 센트럴 칫롬 5층, 싸얌 파라곤 4층 이그조틱 타이, 싸얌 디스커버리 M층, 엠포리움 4층 이그조틱 타이

2003년 '밀크 배스 & 보디 마사지 오일' 제품을 선보이며 이름을 알리기 시작했다. 네 종류의 오일을 취급하며, 지금까지도 꾸준히 인기다. 판퓨리의 품질은 두말할 나위 없지만 높은 가격은 사실 조금 부담스럽다. 비교적 저렴한 가격대의 추천 제품은 싸야미즈 워터 컬렉션. 재스민, 일랑일랑, 석류를 주재료로 한 제품이다. 고급 스파의 기억을 소환하는 매력적인 향을 지녔다.

게이손
◎ **찾아가기** BTS 칫롬 역 게이손 출구 이용, 게이손 로비층
◉ **주소** L Floor, Gaysorn, Phloen Chit Road
◷ **시간** 10:00~21:00　◉ **휴무** 연중무휴　◉ **홈페이지** www.panpuri.com

2권 ⓘ **INFO** p.060
◎ **MAP** p.054C

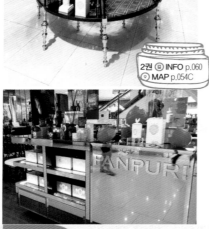

추천 아이템

580B

싸야미즈 워터 업리프팅 보디크림 워시
Siamese Water Uplifting
Body Cream Wash
재스민, 장미, 쌀, 오이, 파파야, 파인애플 등 각종 성분을 함유한 보디 워시. 크리미한 연둣빛으로 오묘하고 은은한 향이 좋다. 부드러운 느낌도 일품이다.

이너 피스 허니 밀크 배스 & 보디 마사지 오일
Inner Peace Honey Milk Bath &
Body Massage Oil
천연 오일. 샤워 후 약간 젖은 상태에서 바르면 투명한 오일이 우윳빛으로 바뀌고, 촉촉하게 스며든다. 보디로션이나 크림보다 오래 사용할 수 있는 가성비 갑 제품.

1750B

핸드크림과 선물 세트가 괜찮은 브랜드

한 HARNN

센트럴 월드 아트리움 존 3층, 싸얌 파라곤 G·4층 이그조틱 타이, 엠쿼티어 1층, 엠포리움 4층, 아이콘 싸얌 4층

페이셜, 오드 투알렛, 홈 스파와 아로마 등 다양한 제품을 선보인다. 최고 인기는 내추럴 보디 라인. 오리엔탈 허브, 트로피컬 우드, 오리엔탈 로즈, 재스민, 심보포곤 향의 핸드크림, 보디로션, 샤워 젤, 비누 등으로 구성된다. 추천 제품은 핸드크림. 비누는 유명세에 비해 조금 실망스럽다. 모든 제품을 사용해보고 싶다면 작은 용기에 담은 세트 상품을 구입하면 된다. 엠포리움 3층과 센트럴 월드 매장이 크고 상품이 다양하다.

엠포리움
◎ **찾아가기** BTS 프롬퐁 역 엠포리움 출구 이용, 엠포리움 3층
⊕ **주소** 3rd Floor, Emporium, Sukhumvit Road
ⓛ **시간** 10:00~22:00 ⊖ **휴무** 연중무휴 ⊗ **홈페이지** www.harnn.com

2권 ⓘ **INFO** p.077
　 ⓜ **MAP** p.067G

추천 아이템

3개 660B

천연 비누
Natural Soap
쌀겨 등 천연 성분을 함유한 비누. 레몬 그라스, 라벤더, 망고스틴 등 8종류가 있다. 큰 장점은 없다.

1150B

오리엔탈 로즈 스킨 퓨리파잉 샤워 젤
Oriental Rose Skin Purifying Shower Gel
코엔자임 Q10 성분과 유기농 장미수가 함유된 샤워 젤. 부드럽고 촉촉하지만 향이 약간 구릿하다. 샤워를 끝내면 향이 바로 사라지므로 무향을 선호하는 이들에게 적합하다.

1400B

한 엔젤 핸드 세트
Harnn Angel Hand Set
한에서 선보이는 핸드크림 3종류를 모두 담은 세트. 재스민 & 석류, 장미, 레몬그라스의 모든 향을 즐길 수 있어 좋다. 각 25g(총 75g)으로 50g 용량의 본품이 790B이라 가격 면에서 큰 차이가 없다.

최고의 방향 제품은 여기에서!

카르마카멧 KARMAKAMET

🏪 짜뚜짝 주말 시장 섹션 2, 수쿰윗 24, 씨롬, 센트럴 월드 3층, 싸얌 센터 1층, 메가 방나 퍼플 존 L1층

짜뚜짝 시장에서 문을 연 스파 브랜드. 헤어, 보디 제품보다는 디퓨저, 룸 스프레이, 캔들 등 방향 제품이 강세다. 향은 크게 허브와 플로럴로 나뉜다. 허브 향은 개운하고, 플로럴은 달콤한 편. 향을 블렌딩해 만들기도 해 수십 가지 향이 탄생한다. 취향에 따라 선호하는 향이 다르므로 반드시 샘플을 맡아본 후 제품을 구매하는 게 좋다. 가장 인기인 향은 허브 계열의 화이트 티(White Tea)다.

2권 ⓘ INFO p.077
📍 MAP p.067K

수쿰윗 24
◎ **찾아가기** BTS 프롬퐁 역 6번 출구 이용, 엠포리움 백화점 주차장 길을 따라가다 보면 엠포리움 스위트 방콕 정문이 나온다. 호텔을 지나 두 번째 왼쪽 골목 안쪽에 위치. 290m, 도보 4분
🚇 **주소** 30/1 Soi Metheenivet ⏰ **시간** 10:00~22:00
😊 **휴무** 연중무휴 🖥 **홈페이지** www.karmakamet.co.th, www.everydaykmkm.com

2권 ⓘ INFO p.103
📍 MAP p.097C

씨롬
◎ **찾아가기** BTS 쌀라댕 역 3번 출구 이용, 바로 보이는 야다 빌딩 골목 쪽 1층 ⓜ **주소** G Floor, Yada Building, Silom Road
⏰ **시간** 10:00~22:00 😊 **휴무** 연중무휴
🖥 **홈페이지** www.karmakamet.co.th, www.everydaykmkm.com

추천 아이템

790B

모이스처라이징 샤워 젤
Moisturizing Shower Gel
장점도 단점도 딱히 말할 게 없는 보통 수준의 샤워 젤. 레드 티(Red Tea)를 샀지만 화이트 티를 살걸 후회했던 제품.

650B

헤어 샴푸 Hair Shampoo · 헤어 컨디셔너 Hair Conditioner
490ml 대용량 샴푸와 컨디셔너. 샴푸와 컨디셔너 모두 할인받아 350B에 구매했다. 일부 품목에 한정되지만 씨롬과 싸얌 센터 매장에서 할인 행사를 종종 한다.

590B   750B

룸 스프레이 Room Spray
즉각적인 방향에 효과적이다. 두세 번 펌프해 뿌리면 향이 공간에 머무르는 것처럼 묵직한 느낌을 준다. 화이트 티(Whtie Tea) 향이 가장 인기인데 써보면 그 이유를 알게 된다.

2권 ⓜ MAP p.035H

방향 제품이 강세
도나 창
DONNA CHANG

2권 ⓘ INFO p.103
ⓜ MAP p.097C

저렴하지만 질 좋은 천연 비누
마담 행 MADAME HENG

▲▲▲▲▲▲▲▲▲▲▲▲▲▲▲

🏪 싸얌 파라곤 G·4층 이그조틱 타이, 싸얌 디스커버리 3층, 센트럴 월드 1층, 센트럴 월드 젠 백화점 7층, 센트럴 칫롬 5층, 엠포리움 4층 이그조틱 타이

🏪 싸얌 파라곤, 타니야 플라자

천연 재료를 이용한 디퓨저, 프레이그런스 라인이 도드라지는 브랜드다. 화려한 꽃이 그려진 도자기 병에 리드를 꽂아 사용하는 디퓨저, 전기로 작동하는 울트라소닉 아로마테라피 디퓨저, 향기 주머니인 트래디셔널 퍼퓸 사셰가 눈에 띈다. 헤어, 보디, 페이스 제품도 다양하지만 매력이 떨어진다.

1949년부터 시작해 방콕에만 수십 군데의 매장을 운영하는 천연 비누 전문 브랜드다. 원조 비누는 장뇌 비누 혹은 인삼 비누로도 불리는 메리 벨 솝(Merry Bell Soap). 반투명한 흰색으로 은은하고 상쾌한 향이 특징이다. 마담 행의 비누는 거품이 많이 나화학물질을 사용한다는 오해를 종종 받는다고 한다. 오해와는 달리 비누의 성분은 천연 허브. 파우더를 섞지 않아 비누가 빨리 닳는 편이다.

싸얌 파라곤
◎ **찾아가기** BTS 싸얌 역 싸얌 파라곤 출구 이용, 싸얌 파라곤 G·4층 ◉ **주소** G & 4th Floor, Siam Paragon, Rama 1 Road ⏱ **시간** 10:00~22:00 ⊖ **휴무** 연중무휴 🌐 **홈페이지** www.donna-chang.com

타니야 플라자
◎ **찾아가기** BTS 쌀라댕 역과 연결된 타니야 플라자 2층 ◉ **주소** 2nd Floor, Thaniya Plaza, 52 Silom Road ⏱ **시간** 09:00~22:00 ⊖ **휴무** 연중무휴 🌐 **홈페이지** www.madameheng.com

추천 아이템

630B

트래디셔널 퍼퓸 사셰
Traditional Perfumed Sachet
차 안에 걸어놓으면 좋은 향기 주머니. 로즈메리, 라벤더, 바닐라, 허니서클 등 향이 다양하다. 다만 개봉하자마자 1~2주간 향을 무섭게 발산하는 게 흠. 총 한 달 반 정도 향이 지속된다. 리필용만 따로 판매한다.

추천 아이템

50B

메리 벨 솝 Merry Bell Soap
마담 행의 오리지널 천연 비누. 마담 행의 다양한 비누 중 가장 저렴하고 가장 괜찮다. 가격 부담이 없어 단체 선물용으로도 그만. 한국에서는 몇 배 더 비싸게 판매한다.

애크니 클리어 솝 Acne Clear Soap
여드름에 좋은 기능성 비누다. 여드름이 있는 조카의 사용 후기에 따르면 지금까지 사용한 여드름 비누 중 가장 만족스러워서 인터넷을 통해 다시 구매했다고 한다.

45B

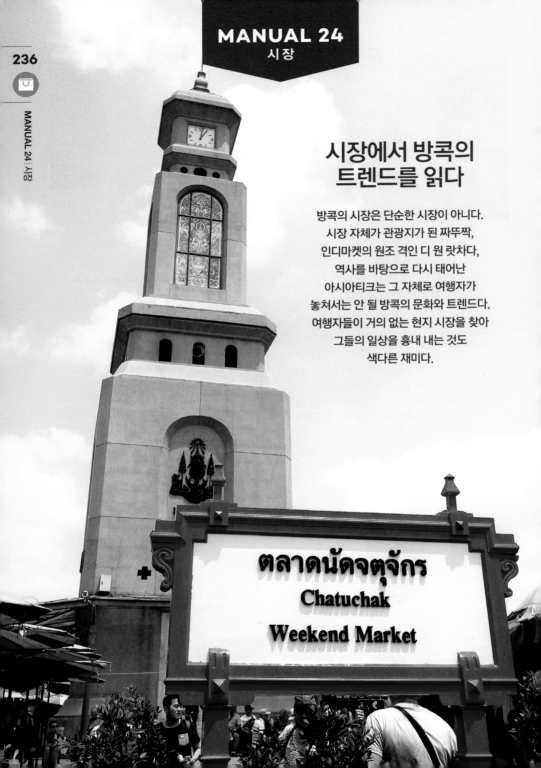

시장에서 방콕의 트렌드를 읽다

방콕의 시장은 단순한 시장이 아니다.
시장 자체가 관광지가 된 짜뚜짝,
인디마켓의 원조 격인 디 원 랏차다,
역사를 바탕으로 다시 태어난
아시아티크는 그 자체로 여행자가
놓쳐서는 안 될 방콕의 문화와 트렌드다.
여행자들이 거의 없는 현지 시장을 찾아
그들의 일상을 흉내 내는 것도
색다른 재미다.

ตลาดนัดจตุจักร
Chatuchak
Weekend Market

아시아티크 쇼핑 아이템

85B

천연 과일 비누 망고, 망고스틴, 바나나, 프랜지파니, 파인애플, 코코넛 등 다양한 모양의 비누. 모양에 따라 향기가 다르다.

35B · 60B · 150B

유리잔
가볍고 예쁜 유리잔 타이 글래스 인더스트리 제품.

490B

슬리퍼
가볍고 실용적인 재질의 슬리퍼. 태국 전통 문양 제품 또한 다양하다.

10개 300B

젓가락 받침
5개들이 180B. 2개 세트를 300B에 흥정해 구매했다.

350B

50B

디퓨저, 디퓨저 리드
다양한 모양의 디퓨저 리드와 더불어 비누, 오일, 디퓨저 등을 판매하는 홈 스파 매장이 다양하다.

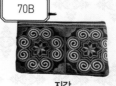

70B

지갑
화려한 색감의 지갑. 파우치로도 사용 가능.

그 밖의 시장

외국인 팟퐁 야시장
Patpong Night Market

| 인기 ★★ | 먹거리 | 쇼핑 ★★ | 유흥 ★★★★★ | 복잡함 ★★★★★ |

낮에는 평범한 도로가 저녁이 되면 야시장으로 변모한다. 야시장 양옆에 유흥업소가 줄지어 있는 형태라 아이들과 함께 찾기에는 적합하지 않다. 기념품이나 수공예품보다는 의류, 가방, 시계를 주로 판매한다. 명품 가방과 시계 등은 모두 이미테이션 제품. 다양하지만 권하지는 않는다. 태국 물가를 모르는 외국인을 상대로 바가지를 심하게 씌우므로 주의해야 한다. 다른 시장에 비해 상인들도 거친 편이라 마음을 가다듬고 흥정에 임해야 한다. 팟퐁의 유명세가 궁금해 찾는 경우를 제외하고는 크게 추천하지 않는다.

ⓖ **찾아가기** BTS 쌀라댕 역 1번 출구에서 팟퐁 1 로드로 진입
ⓐ **주소** Patpong 1 Road
ⓒ **시간** 월~토요일 18:00~01:00, 일요일 18:00~24:00 ⓗ **휴무** 연중무휴

외국인+현지인 쌈펭 시장
Sampheng Market

| 인기 ★★★★★ | 먹거리 ★★ | 쇼핑 ★★★★ | 유흥 ★ | 복잡함 ★★★★★ |

우리나라로 치면 남대문 시장 정도 된다. 쏘이 와닛 능(Soi Wanit 1)을 따라 액세서리·DIY용품·포장용품·코르사주·천·가방·신발·의류 가게가 다닥다닥 자리했다. 조금 허름해 보이는 B급 물건을 판매하는 시장은 어쩐지 정겹고 확실히 싸다. 골목은 좁고, 덥고, 사람으로 가득하다. 중간중간 쌈펭 플라자 마켓 등 에어컨이 나오는 작은 쇼핑몰이 있으므로 수많은 인파와 더위를 잠시 피하는 것도 좋다. 쏘이 와닛 능은 차이나타운이 형성되며 생긴 골목으로 차이나타운 중심가인 야오와랏 로드보다 100년 이상 앞선 역사를 간직하고 있다.

ⓖ **찾아가기** 랏차원(Ratchawong) 선착장에서 내려 랏차원 로드를 따라 350m 간 후 우회전하면 쏘이 와닛 1
ⓐ **주소** Soi Wanit 1 ⓒ **시간** 08:00~18:00 ⓗ **휴무** 연중무휴

왕랑 시장
Wang Lang Market

인기	먹거리	쇼핑	유흥	복잡함
★★★★★	★★★★	★★	☆	★★★★★

톤부리 지역에 짜오프라야 강을 따라 자리한 시장으로 여행자보다는 현지인이 압도적으로 많다. 여행자들은 씨리랏 박물관과 더불어 찾을 만하다. 가장 많은 매장은 현지 분위기를 듬뿍 담은 음식점과 노점. 방콕 중심가에서 흔히 볼 수 없는 태국 전통 간식 노점을 집중 공략하자. 메뉴는 로띠, 카놈브앙, 카놈빵완, 끌루어이삥, 꼬치 등 매우 다양하며 저렴하다. 현지인들에게는 어라타이(ออส้ทย)라는 저렴한 스시 매장이 아주 인기다. 기념품이나 의류를 쇼핑하기에는 그저 그렇다.

☺ **찾아가기** 왕랑 선착장에서 나와 좌회전하면 바로
◉ **주소** Soi Wang Lang
🕐 **시간** 월~토요일 07:00~20:00 ⊖ **휴무** 일요일

테웻 시장
Thewet Market

인기	먹거리	쇼핑	유흥	복잡함
★★	★	★	☆	★★

카오산 로드나 쌈쎈 쪽에 머문다면 재미 삼아 들러보자. 생선, 육류, 채소, 과일, 현지 식품 등을 판매하는 순전히 현지인을 위한 시장으로 현지인의 일상을 엿볼 수 있다. 여행자가 구매할 만한 제품은 과일 정도. 슈퍼마켓에 비해 몇 배 저렴하다. 테웻 선착장 인근에는 테웻 시장과는 별개로 화훼 시장이 들어선다. 푸르른 열대식물을 구경하거나 화훼용품과 꽃, 식물의 씨앗을 저렴하게 구입할 수 있다.

☺ **찾아가기** 테웻 선착장에서 나와 400m 직진 후 다리가 보이면 좌회전 ◉ **주소** Samsen Road
🕐 **시간** 05:00~19:00 ⊖ **휴무** 연중무휴

빡클렁 시장
Bangkok Flower Market

인기	먹거리	쇼핑	유흥	복잡함
★★★★★	★	★★	☆	★★★

방콕에서 가장 큰 꽃, 채소 도매시장. 가장 거래가 많은 품목이 꽃이라 꽃 시장으로 불린다. 19세기부터 형성된 시장으로 짜오프라야 강변의 짝펫 로드(Chakphet Road), 반모 로드(Banmo Road) 남단에 이르는 지역이 모두 시장이다. 여행자가 꽃을 살 일은 거의 없지만 향기 가득한 시장을 구경하며 사진을 찍는 것만으로 기분이 좋다. 시장을 찾았다면 2014년 말에 문을 연 엿피만 리버 워크(Yodpiman River Walk) 쇼핑몰도 함께 돌아보자. 강변을 따라 레스토랑, 기념품 숍 등이 줄지어 있다.

☺ **찾아가기** 싸판 풋(Memorial Bridge) 선착장에서 나와 좌회전, 엿피만 리버 워크 정문 맞은편 시장, 260m, 도보 3분 ◉ **주소** Chakphet Road
🕐 **시간** 24시간 ⊖ **휴무** 연중무휴

로열 프로젝트란?

1950년대부터 시작된 태국 왕실 주도의 프로젝트. 태국 왕실에서 자금을 투자해 정부의 손길이 닿지 않는 산간 오지 거주민들의 빈곤 퇴치와 건강 증진, 소득 증대, 교육 등 삶의 질을 향상시키기 위해 진행하는 사업의 일환이다. 치앙라이의 도이뚱 개발 프로젝트, 람빵의 코끼리 보존 센터 등도 로열 프로젝트의 사업 중 하나. 로열 프로젝트 숍에서는 사업을 통해 생산된 농산물과 농산물 가공품, 잡화 등을 판매한다.

Royal Project
태국 왕실과 정부 후원 제품

태국인의 삶에는 태국 왕실과 정부에서 후원하는 제품이 알게 모르게 숨어 있다. 슈퍼마켓에서
한 번쯤 본 도이뚱 마카다미아와 커피도 그중 하나. 좋은 품질 대비 가격이 저렴한
로열 프로젝트 숍의 제품이나 OTOP 제품을 인식하기 시작하면 쇼핑 영역이 확장된다.

OTOP란?

'한 땀본에 하나의 상품(One Tambon, One Product)'이라는 뜻. 태국 각지 장인이 만든 제품을 특산물로 선
정해 전통 수공예 기술을 보존하고 지역의 자생적인 경제활동 바탕을 마련하기 위해 2001년부터 정부 주도
로 시행한 제도다. 땀본은 짱왓과 암퍼에 이은 세 번째 행정단위로, 태국에는 7000개가 넘는 땀본이 존재한
다. 이렇게 생산된 수공예품, 식품, 음료, 보석, 의류 등은 태국 전역에 자리한 OTOP 매장에서 판매한다.

태국에서 생산한
커피 원두.

로열 프로젝트 커피
Royal Project Coffee
200g **260B**

캐머마일, 라벤더 등
종류가 다양하다.

꿀 35B

튜브 형태라
간단하게 즐기기에
좋으며 저렴하다.

**로열 찟라다
프로젝트 음료**
Royal Chitralada
Projects Drink
16B

롱안, 레몬그라스, 로젤 등
다양한 맛이 있다. 한낮의 갈증을
해소하기에 그만.

샴푸·헤어 컨디셔너
Chamomile Lavender
Shampoo·Hair Conditioner
100B

로열 프로젝트 숍
Royal Project Shop

신선한 유기농 채소와 빵, 커피 원두, 차, 꿀, 잼, 과자, 음료, 의류, 샴푸, 비누, 잡화 등을 판매한다. 여행자들이 '득템'할 만한 쇼핑 아이템도 다양한 편. 커피숍을 함께 운영한다.

2권 ⓘ **INFO** p.050 ◎ **MAP** p.050B
◎ **찾아가기** MRT 깜팽펫 역 3번 출구로 나오면 바로 오또꼬 시장, 시장으로 들어가 좌회전 ▣ **주소** 1 Kamphaeng Phet Road
🕐 **시간** 월~금요일 08:00~18:00, 토~일요일·공휴일 10:00~16:00
⊖ **휴무** 연중무휴

서포트 파운데이션
The Support Foundation of Her Majesty Queen Sirikit

로열 프로젝트 숍과 더불어 오또꼬 시장 내에 있지만 규모가 작은 편이며, 상품이 많지 않다. 그래도 곳곳에 숨은 저렴하고 알찬 아이템을 찾는 재미가 있다. 채소와 커피, 차, 유기농 허브, 꿀, 비누, 패브릭 잡화 등을 판매한다.

2권 ⓘ **INFO** p.051 ◎ **MAP** p.050B
◎ **찾아가기** MRT 깜팽펫 역 3번 출구로 나오면 바로 오또꼬 시장, 시장으로 들어가 우회전
▣ **주소** 101 Kamphaeng Phet Road
🕐 **시간** 09:00~18:00 ⊖ **휴무** 연중무휴

딸랏 잇타이
Talad Eathai

센트럴 앰버시 LG층에 자리한 슈퍼마켓으로 다양한 OTOP 상품을 취급한다. 과자, 견과류, 건과일, 초콜릿 등은 여행 선물이나 기념품으로도 그만이다.

2권 ⓘ **INFO** p.062 ◎ **MAP** p.054D
◎ **찾아가기** BTS 프런찟 역과 연결된 센트럴 앰버시 LG층
▣ **주소** LG Floor, Central Embassy, Phloen Chit Road 🕐 **시간** 10:00~22:00
⊖ **휴무** 연중무휴 ⓗ **홈페이지**
www.centralembassy.com/store/eathai

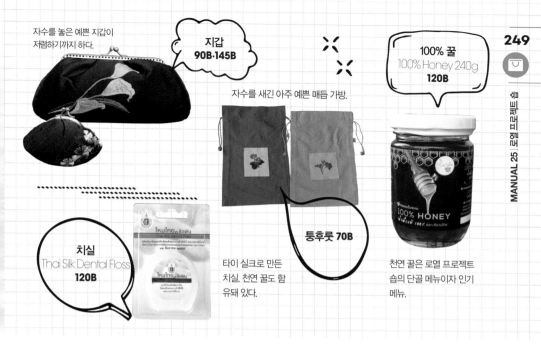

자수를 놓은 예쁜 지갑이
저렴하기까지 하다.

지갑
90B·145B

100% 꿀
100% Honey 240g
120B

자수를 새긴 아주 예쁜 매듭 가방.

통후룻 70B

치실
Thai Silk Dental Floss
120B

타이 실크로 만든
치실. 천연 꿀도 함
유돼 있다.

천연 꿀은 로열 프로젝트
숍의 단골 메뉴이자 인기
메뉴.

---

(2) OTOP 헤리티지
OTOP Heritage

센트럴 앰버시 4층에 있는 OTOP 매장.
의류와 가방, 수공예 잡화를 판매한다.
고급 백화점 분위기에 걸맞게 OTOP 상
품 중에서도 고가 상품만 취급하는 편
이다.

2권 ⓑ INFO p.062 ⓞ MAP p.054D
ⓞ 찾아가기 BTS 프런찟 역과 연결된
센트럴 앰버시 4층 ⓐ 주소 4th Floor,
Central Embassy, Phloen Chit Road
ⓞ 시간 09:00~18:00
ⓞ 휴무 연중무휴

(3) OTOP 쑤완나품 공항
OTOP

쑤완나품 공항 면세점의 OTOP 전문 매
장. 스파용품, 생활 잡화, 의류, 액세서리
등 다양한 제품을 구비했다. 출국 전 마
지막으로 태국 특산품 쇼핑을 즐기기에
손색이 없다.

ⓞ 찾아가기 쑤완나품 공항 4층 면세점 내
ⓐ 주소 4th Floor, Suvarnabhumi Airport
ⓞ 시간 24시간
ⓞ 휴무 연중무휴

(4) OTOP 후아힌
OTOP

후아힌의 OTOP 전문 매장. 견과류, 건과
일, 과자, 잼, 꿀, 차, 커피 등 먹거리는 물
론 액세서리, 모자, 가방, 의류, 비누, 화장
품, 오일 등 취급하는 상품의 범위와 종
류가 다양하고, 가격이 저렴하다.

2권 ⓑ INFO p.219 ⓞ MAP p.210F
ⓞ 찾아가기 후아힌 시계탑에서 펫까쎔
로드 남쪽으로 190m 왼쪽
ⓐ 주소 71/17 Phet Kasem Road
ⓞ 시간 09:00~19:00
ⓞ 휴무 연중무휴

DAY-40
무작정 따라하기_여행 준비

D-40
여권과 항공권 등
필요한 서류 체크하기

1. 준비할 서류 미리 보기
☐ 여권
☐ 항공권
☐ 여행자 보험

2. 여권 만들기
해외여행을 하려면 여권이
반드시 필요하다. 출입국은
물론 호텔 체크인, 면세점
이용 시 필요하다.

여권 소지자
유효기간을 확인할 것. 여권의 유효기간이 6개월 이상 남아
있어야 출입국에 문제가 없다.

**여권을 처음으로 발급 받거나 유효기간 만료로 신규 발급받는
경우**
신청 기관 전국 240개 도청, 시청, 군청, 구청 민원여권과
신청 서류 여권용 사진 1장, 신분증(주민등록증, 운전면허증),
여권 발급 신청서(민원여권과 비치)
18세 이상 37세 이하 남자인 경우 병역관계 서류.
수수료 10년 복수여권 58면 5만3000원, 26면 5만 원, 5년
복수여권 18세 미만 8세 이상 58면 4만5000원, 26면 4만2000원,
8세 미만 58면 3만3000원, 26면 3만 원, 1년 단수여권 2만 원

3. 여행자 보험 살펴보기
여행자 보험은 여행 기간이 정해진 후 최소 출발 하루 전에
신청하면 된다. 공항 보험사 부스에서도 신청할 수 있지만
인터넷이 비교적 저렴하다. 여행자 보험 대행업체는 여러
보험사의 상품을 비교할 수 있어 편리하다. 그 밖에 인터넷

환전을 하면 여행자 보험 무료 가입 혜택을 받을 수 있다. 환전
시 보험 가입 여부란에 체크하면 된다. 보상 내용은 환전 금액에
따라 다르다.
신청 장소 보험사(홈페이지 신청 가능), 공항 보험사 부스
신청 서류 인터넷으로 신청하면 청약서와 인적 사항만
작성하면 된다. 공항 보험사 부스에서 신청하려면 여권이
필요하다.
비용 여행 기간, 나이, 보상 내용, 보험사에 따라 다르다.

D-35
예산 짜기

1. 예산 항목 만들기
☐ 항공 요금
☐ 숙박비
☐ 교통비(공항-시내, 시내에서의 이동 경비)
☐ 식비
☐ 입장료

2. 항목별 지출 예상 경비
항공 요금 30만~70만 원(세금, 유류할증료 포함) 시즌에 따라
항공료 차이가 크다. 저비용 항공사=저가의 등식이 성립되지
않으므로 여러 항공사를 비교해 조건을 잘 따져봐야 한다.

교통비 1일 100~300B(대중교통 기준)

숙박비 1일 1000~5000B 방콕에는 숙박 시설이 어마어마하게 많고
다양하며, 가격대도 천차만별이다. 1일 1000B가량 예산을 잡으면
에어컨과 욕실이 갖춰진 깔끔한 시설의 호텔 혹은 게스트하우스에
묵을 수 있으며, 브랜드 네임이 있는 유명 호텔은 3000~5000B
정도로 생각하면 된다. 게스트하우스 다인실은 200~300B이면
가능하다.

식비 1일 1000B~ 무엇을 먹느냐에 따라 차이가 크다. 쌀국수와
볶음밥으로 매끼를 때우면 하루 200B 이하로도 가능하다.
뿌팟퐁까리, 생선 등 해산물 요리를 즐기려면 현지 식당은
500B가량, 고급 식당은 1000B 이상을 예상해야 한다.

입장료 1회 20B~ 관광 명소 중 입장료가 가장 비싼 곳은 왓 프라깨우(왕궁)로 500B이다.

마사지 1회 300B~ 1시간에 100~200B짜리 마사지도 있지만 일반적으로 타이 마사지는 1시간에 300B 정도 한다. 고급 마사지 업소에서 오일 마사지를 받으면 3000B 이상이 들기도 한다.

3. 보편적인 방콕 3박 5일 예산

항공 요금 30만~50만 원

쑤완나품 공항 왕복 교통비(택시 1회+공항철도 1회 기준) 400B

시내 교통비 500B

숙박비 3000~1만5000B

식비 3000B

입장료 650B

마사지 600B

총 경비 30만~50만 원+8150~2만150=63만~131만 원

환율: 1B=약 40원(매매기준율 기준)

✔ **1인 기준 비용 산출.** 3박 5일 동안의 짧은 일정이라 숙박비와 식비를 아끼지 않았다. 항공 요금은 시즌별, 항공사별로 차이가 크다. 저렴한 게스트하우스에서 지내며 현지 식당을 이용한다면 예산은 훨씬 낮아진다. 파타야, 후아힌 일정을 넣거나 1일 투어를 한다고 해도 비용은 크게 차이가 나지 않는다.

✔ **방콕 물가**

BTS · MRT 17B~(약 700원~)

택시 기본요금 40B(약 1600원)

호텔 중급 약 1000B(약 4만 원), 고급 약 5000B(약 20만 원)

생수 10B(약 400원)

캔 맥주 40B(약 1600원)

현지 식당 국수 50B(약 2000원)

버거킹 치즈 와퍼 219B(약 8700원)

D-30
항공권 구입하기

여행 계획을 세웠고 여권이 준비됐다면 항공권을 먼저 예약하는 게 답이다. 몇 개월 전부터 항공권을 확보하는 부지런한 여행자들 덕분에 저렴한

항공권은 일찍 동이 난다. 저비용 항공사도 마찬가지. 이른 예약이 진리다. 여권과 항공권을 준비하면 여행 준비의 절반 이상은 끝난 셈이다.

1. 방콕 취항 항공사

인천 ↔ 쑤완나품(BKK) 직항

대한항공(KE), 아시아나(OZ), 타이항공(TG), 이스타항공(ZE), 진에어(LJ), 제주항공(7C), 티웨이(TW), 에어아시아(XJ), 에어부산(BX)

부산 ↔ 쑤완나품(BKK) 직항

대한항공(KE), 아시아나(OZ), 이스타항공(ZE), 제주항공(7C), 에어부산(BX), 진에어(LJ)

인천 ↔ 돈므앙(DMK) 직항

티웨이(TW)

2. 항공권 판매 웹사이트

여행사, 항공사보다 웹사이트에서 직접 구매하는 게 저렴하다. 선호하는 항공사가 있다면 항공사 홈페이지를 자주 드나드는 것도 방법. 할인 요금이 이따금 나온다. 저비용 항공사라고 해서 무조건 저렴한 것도 아니므로 웹사이트에서 가격 비교 후 현명하게 결정하자.

스카이스캐너 www.skyscanner.co.kr
와이페이모어 www.whypaymore.co.kr
지마켓 air.gmarket.co.kr
인터파크투어 air.interpark.com

3. 태국 여행 최적기

방콕을 여행하기에 가장 좋은 시기는 11~2월이다. 밤에 살짝 춥게 여겨질 정도로 온도도 적당하고, 맑고 화창하다. 호텔 등에서 정하는 태국의 공식 성수기(High Season) 역시 11~3월로, 이 시기 숙박비가 가장 비싸다. 4월은 본격적인 우기가 시작되기 전이자 태국에서 가장 더운 시기. 쏭끄란 페스티벌이 열린다. 우기인 5~10월은 비수기에 해당된다.

4. 한국의 여행 성수기

설날, 추석 등 연휴와 방학 기간(12~2월, 7~8월)에 해당하는 우리나라의 여행 성수기에는 항공권 요금이 당연히 오른다. 우리나라의 여행 비수기이지만 태국의 성수기인 11월을 공략하면 그나마 저렴하게 여행을 즐길 수 있다.

D-25
숙소 예약하기

다인실에서부터 중급, 고급 호텔까지 다양한 선택지가 있다.
예산과 동선에 알맞게 숙소를 선택하면 된다.

숙소 예약 참고 사이트
아고다 www.agoda.com
호텔스닷컴 kr.hotels.com
부킹닷컴 www.booking.com
익스피디아 www.expedia.co.kr
호텔스컴바인 www.hotelscombined.co.kr

D-20
여행 정보 수집하기
온라인으로 정보 수집하기
관광청
태국정부관광청 서울 사무소 www.visitthailand.or.kr

커뮤니티
태사랑 www.thailove.net
→ 태국 최강 커뮤니티.

오프라인으로 정보 수집하기
가이드북 〈무작정 따라하기 방콕〉
→ 초보 여행자도 헤매지 않을 꼼꼼하고 정확한 정보.

D-10
환전하기

한국에서 미리 밧(B)으로
환전하는 게
편리하다. 환전할 때는
신분증(주민등록증, 운전면허증, 여권 중
하나)과 환전할 원화를 준비하면 된다. 은행과 사설 환전소의

환율을 순위대로 공시하는 마이뱅크(www.mibank.me/exchange/saving/index.php)는 환전 시 도움이 된다.

시중은행
은행마다 환율에 차이가 난다. 일반적으로 주거래은행에서
더 많은 환율 우대를 해준다. 환전 수수료를 우대받으려면
인터넷에 '환전 수수료 우대 쿠폰'을 검색하면 된다.

인터넷 환전
가장 편리하고 효과적인 방법이다. 환율 우대를 받거나 여행자
보험이 무료다. 여행자 보험은 환전 액수에 따라 혜택이
다르다. 인터넷 환전은 인터넷 뱅킹으로 환전 신청 후 수령
장소를 선택하는 방식. 공항은 지정 지점 혹은 해당 은행 아무
곳에서나 수령하면 된다. 방식은 은행마다 조금씩 다르다.

사설 환전소
환율이 가장 좋다. 환전 금액이 클 때는 무조건 유용하다.
직장이나 집 근처에 환전소가 자리해 방문하기 어렵지 않다면
적극 이용하자. 인터넷에 '환전소'를 검색하면 나온다.

공항 환전소
수수료가 높지만 편리하다. 큰돈을 환전하지 않는 이상 몇 백
원, 몇천 원 차이이므로 미리 환전하지 못했다면 맘 편하게
이용하자.

> **얼마나 환전해야 할까?**
> 항공권과 숙박비를 신용카드로 계산한다면 남은 경비는 교통비, 식비,
> 입장료, 마사지 비용이다. 예상 금액은 4500B 정도. 시장을 제외한
> 웬만한 쇼핑은 신용카드로 해결되므로 나머지 잡비를 넉넉하게 10만
> 원만 잡아도 환전 금액은 30만 원이 채 되지 않는다.

D-3
짐 꾸리기

짐 꾸리기 체크리스트
☐ 여권
☐ 항공권
☐ 여행 경비
☐ 여행용 가방
☐ 현지에서 쓸 작은 가방
☐ 옷가지(겉옷, 속옷, 잠옷, 양말, 여름이라도 실내는 추우므로
긴팔 준비)

- 세면도구(칫솔, 치약, 빗 등)
- 화장품(기초 화장품, 자외선 차단제, 팩 등)
- 신발(운동화 혹은 편한 단화)
- 휴대폰과 충전기

있으면 유용한 물품

- 가이드북
- 카메라
- 신용카드
- 상비약(진통제, 종합 감기약, 일회용 밴드, 연고)
- 여성용품
- 물티슈
- 손수건
- 모기향과 모기 퇴치제
- 우산
- 모자 · 선글라스

기내에 가져가면 안 되는 물품

- 용기 1개당 100㎖ 초과 또는 총량 1L를 초과하는 액체류
- 칼
- 인화 물질
- 곤봉류
- 가스 및 화학물질
- 가위, 면도날, 얼음송곳 등 무기로 사용 가능한 물품
- 총기류
- 폭발물 및 탄약

D-DAY
출국하기

1. 공항 이동과 도착

공항 리무진 버스, 공항철도, 택시, 자가용 등을 이용해 공항으로 이동한다. 비행기 출발 2시간 전까지 공항에 도착해야 한다.

2. 탑승 수속

화면을 통해 해당 항공사의 카운터 위치를 확인한 후 카운터로 가 탑승 수속을 밟는다. 일부 항공사는 카운터에서 체크인을 하지 않고, 모바일 체크인과 키오스크를 통한 셀프 체크인만

가능하다. E-티켓을 프린트하거나 스마트폰에 저장해두면 예약 번호를 쉽게 확인할 수 있다. 부칠 짐이 없다면 탑승 수속은 끝. 부칠 짐이 있다면 체크인 후 카운터로 향하자. 수속이 끝나면 항공권과 수하물 태그(Baggage Tag)를 함께 준다. 수하물이 분실될 경우 증빙 서류가 되는 태그는 잘 보관한다. 카운터에서 체크인하는 경우에는 예약이 확인되지 않는 특별한 경우를 제외하면 여권만 보여주면 된다. 만약을 대비해 E-티켓을 프린트하거나 스마트폰에 저장해두면 좋다.

3. 환전하기

인터넷 환전을 신청했다면 해당 은행의 수령 장소에서 신분증을 보여준 다음 돈을 수령한다. 미리 환전하지 못한 경우에도 출국장으로 들어가기 전에 환전한다. 출국장 내에서는 ATM을 사용할 수 없으며, 환전소가 있지만 수가 적다.

4. 여행자 보험 신청

여행자 보험을 미리 신청하지 않았다면 공항의 여행자 보험 부스를 이용한다. 여행자 보험은 필수 사항은 아니지만 혹시 모를 상황을 위한 보험이다.

5. 출국 심사

여권과 탑승권을 보여준 후 들어가면 엑스레이 검사를 한다. 휴대품 중 노트북이 있다면 꺼내어 바구니에 넣는다. 사람은 금속 탐지기를 통과하므로 주머니의 소지품, 허리띠 등을 미리 확인해 바구니에 넣자.

엑스레이 검사를 마치면 출국 심사가 기다린다. 심사관에게 여권을 보여준 후 도장을 받으면 된다. 주민등록증을 발급받은 만 19세 이상 국민은 사전 등록 없이 자동출입국 심사대를 이용할 수 있다.

6. 면세점 쇼핑

공항 면세점을 다 돌아보는 건 힘든 일이므로 필요한 물품을 미리 생각해 쇼핑을 즐기자. 인터넷 면세점 혹은 시내 면세점에서 쇼핑을 한 후라면 면세품 인도장에서 물건을 찾으면 된다.

7. 탑승 대기

탑승권에 적혀 있는 보딩 타임(Boarding Time)에 맞춰 해당 게이트 앞에서 기다린다. 한 사람이 지각함으로써 수백 명이 불편을 겪는 일이 발생할 수 있으므로 시간을 엄수하자.

8. 비행기 탑승

안전벨트를 매고 스마트폰은 끄거나 비행 모드로 전환한다. 이륙한 후 안전벨트 사인이 꺼질 때까지 안전벨트를 풀고 자리에서 움직이거나 좌석 등받이를 뒤로 젖히면 안 된다.

INDEX
무작정 따라하기

A

OTOP 쑤완나품 공항	249
OTOP 헤리티지	249
OTOP 후아힌	249
T & K 시푸드	109, 111, 148

ㄱ

고메 마켓	220
국립 극장	200
국립박물관	60
글라스 하우스	82
깐짜나부리	210
깔라빠프룩	142
껫타와	163
꼬 란	80
꼬당 탈레	149
꼬앙 카우만까이 쁘라뚜남	130
꽝 시푸드	149
낀롬촘싸판	156

ㄴ

나라야	224

ㄷ

나와 팟타이	114
나이쏘이	113, 125
낭누안	83
노스이스트	133
농눗 파타야 가든	81

ㄷ

더 덱	117, 151
더 로컬	116, 135
더 스피크이지	194
도나 창	235
두씻 마하 쁘라쌋	41
디 원 랏차다	240
디오라 랑쑤언	184
디와나	182, 228
딸랏 잇타이	248
딸링쁠링	116
딸링쁠링(쑤쿰윗 쏘이 34)	136
똔크르앙	139

ㄹ

란 꾸어이짭 나이엑	112, 123

랏차담넌 스타디움	203
랏차담넌 스타디움 무에타이 아카데미	202
램차런 시푸드	147
러이 끄라통	207
레드 스카이	194
렛츠 릴랙스	184
렛츠 시	90
로띠 마따바	116
로스트	165
로열 프로젝트 숍	248
로켓	169
롯파이 시장	241
룸피니 스타디움	203
룽르앙	112, 121
룽싸와이	82

ㅁ

마켓 빌리지	92
망고 탱고	175
매끌렁 시장	213
멀리건스 아이리시 바	197
메타왈라이 썬댕	140
몬놈쏫	176
무에타이 스트리트	202
뭄 아러이	83

ㅂ

반 꾸어이띠여우 르아텅	126

반 쏨땀	117, 160
반 아이스	162
반 이싸라	91
반 카니타 & 갤러리	138
반 쿤매	109, 143
방빠인 별궁	77
방콕 아트 앤드 컬처 센터(BACC)	62
버티고 & 문 바	192
부츠	225
분똥끼얏	129
브릭 바	197
블루포트	92
비터맨	166
빅 시 슈퍼센터	220
빌라 마켓	220
빠이 스파	186
빠텅꼬	177
빡클렁 시장	70, 245
뻐 포차야	132
뿌뻰	81
쁘띠 솔레일	171
쁘라짝	124
쁘리차	83

ㅅ

살라 찰름끄룽	38
색소폰	196
서포트 파운데이션	248

센타라 그랜드 비치 리조트 & 빌라	93
센터 포인트	186
센트럴 앰버시	71
센트럴 파타야 비치	84
센트럴 푸드 홀	220
스리 식스티	195
시로코 & 스카이 바	191
싸바이짜이	160
싸얌 니라밋	200
싸오칭차	70
쌀라 랏따나꼬씬	152
쌈펭 시장	244
쌍완씨	129
쌔우(쑤쿰윗 쏘이 49)	122
쌩타이 시푸드	90
쏨땀 누아	161
쏨땀 더	117, 161
쏨분 시푸드	110, 146
쏨쏭 포차나	112, 121
쏨퐁 타이 쿠킹 스쿨	189
쏭끄란	204
쑤다 포차나	110, 132
쑤리요타이 쩨디	77
쑤말라이	187
쑤언 빡깟 박물관	63
쑤탕락	82
쑤파니까 이팅 룸	154
씨 마하 마리암만 사원	57

씨롬 타이 쿠킹 스쿨	188
씨케다 야시장	89

ㅇ

아마리 파타야	86
아시아 허브 어소시에이션	185
아시아티크	69, 242
아유타야	72
아트 오브 더 킹덤 뮤지엄	38
알카자	85
암파와 수상 시장	212
앙코르 왓 모형	40
애드히어 서틴스 블루스 바	196
야오와랏 로드	69
앤 꾸어이띠여우 쿠어까이	127
어번 리트리트	185
어브	230
에라완 사당	57
엠케이 골드	115
옌리 유어스	174
오드리	169
오또꼬 시장	239
옥타브	193
와타나파닛	125
왓 뜨라이밋	55
왓 랏차 낫다람	53
왓 랏차부라나	75
왓 로까야쑤타람	76

왓 마하탓 54

왓 망꼰 까말라왓 57

왓 벤짜마보핏 55

왓 보원니웻 56

왓 싸껫 54

왓 쑤탓 52

왓 아룬 46, 66

왓 야이차이몽콘 76

왓 인타라위한 56

왓 차이왓타나람 75

왓 포 42, 68

왓 프라 마하탓 74

왓 프라 씨싼펫 74

왓 프라깨우 67

왓 프라깨우 박물관 41

왓 프라깨우와 왕궁 35

왓 프라람 77

왓슨스 225

왕랑 시장 245

워킹 스트리트 85

위한 프라 몽콘보핏 77

유엔 후아힌 발코니 90

이글 네스트 195

인 러브 157

인터컨티넨탈 후아힌 리조트 94

잇 사이트 스토리 153

잉크 & 라이언 171

ㅈ

짐 톰슨 하우스 58

짜끄리 마하 쁘라쌋 41

짜뚜짝 주말 시장 237

짜런쌩 씨롬 133

짜오 쌈 프라야 국립박물관 77

쩟패 241

쪽 포차나 110, 131

쪽 프린스 130

찌라 옌따포 122

ㅊ

촘 아룬 155

ㅋ

카르마카멧 234

카르마카멧 다이너 167

카오산 로드 71

카우니여우문 매와리 175

카우쏘이 치앙마이쑤팝(짜우까우) 113

칼립소 카바레 201

케이프 니드라 95

케이프 다라 87

코카 레스토랑 115

쿠어 끌링 팍 쏫 162

쿤댕 꾸어이짭유안 123

퀸 씨리낏 박물관 38

크루아나이반 131

크루아얍쏜	111, 141		프라 마하 몬티엔	41
킹 파워 마하나콘	192		프라 몬돕	40
			프라 쑤완 쩨디	40
ㅌ			프라 씨 랏따나 쩨디	40
탄 생추어리	183		프라 우보쏫	40
탄잉	137		프라 위한 욧	40
터미널 21	84		프라쌋 프라 텝 비돈	40
테웻 시장	245			
텝쁘라씻 야시장	84		**ㅎ**	
톱스	220		허이텃 차우레	114, 127
팁싸마이	114, 126		험두언	163
			헬스 랜드	187
ㅍ			호 프라 몬티엔 탐	40
파타야	80		호라이즌	85
판퓨리	232		홀리데이 인 파타야	87
판퓨리 웰니스	183		회랑 벽화	40
팟퐁 야시장	244		후아힌	88
팩토리 커피	170		후아힌 비치·차암 비치	89
페더스톤	168		후아힌 야시장	88

사진 제공

p.203 　랏차담넌 스타디움 Vassamon Anansukkasem / Shutterstock.com, feelphoto / Shutterstock.com

p.214 　센트럴 월드 ltdedigos / Shutterstock.com

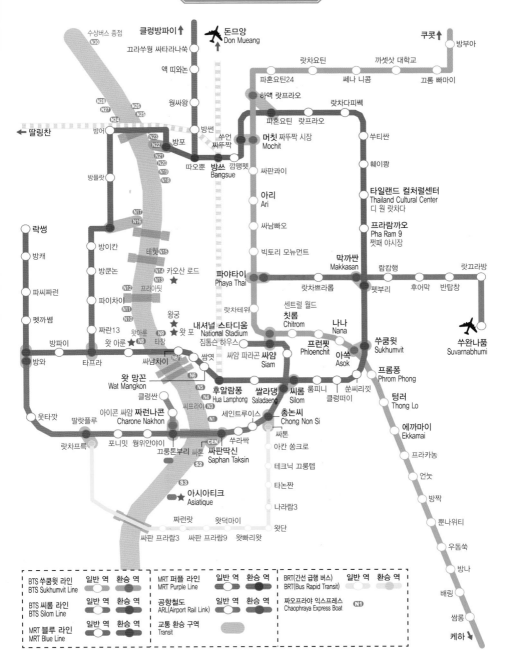

방콕 교통 노선도

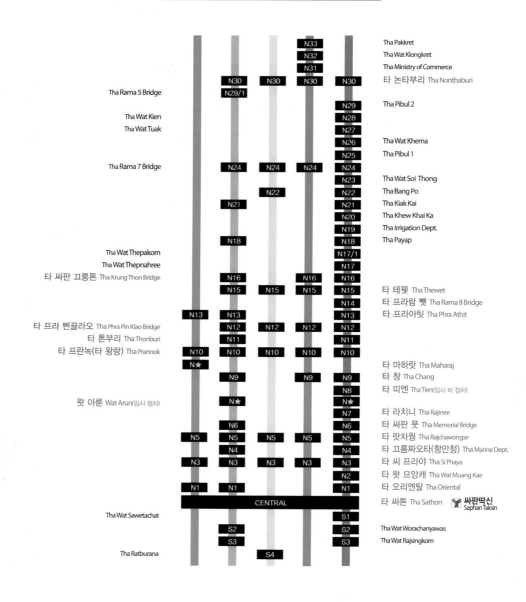

			N33	Tha Pakkret
			N32	Tha Wat Klongkret
			N31	Tha Ministry of Commerce
	N30	N30	N30	N30 · 타 논타부리 Tha Nonthaburi
Tha Rama 5 Bridge	N29/1			
				N29 · Tha Pibul 2
Tha Wat Kien				N28
Tha Wat Tuak				N27
				N26 · Tha Wat Khema
				N25 · Tha Pibul 1
Tha Rama 7 Bridge	N24	N24	N24	N24
				N23 · Tha Wat Soi Thong
		N22		N22 · Tha Bang Po
	N21			N21 · Tha Kiak Kai
				N20 · Tha Khew Khai Ka
				N19 · Tha Irrigation Dept.
	N18			N18 · Tha Payap
Tha Wat Thepakorn				N17/1
Tha Wat Thepnahree				N17
타 싸판 끄룽톤 Tha Krung Thon Bridge	N16		N16	N16
	N15	N15	N15	N15 · 타 테웻 Tha Thewet
				N14 · 타 프라람 뺏 Tha Rama 8 Bridge
타 프라 삔끌라오 Tha Phra Pin Klao Bridge	N13	N13		N13 · 타 프라아팃 Tha Phra Athit
타 톤부리 Tha Thonburi	N12	N12	N12	N12
	N11			N11
타 프란녹(타 왕랑) Tha Prannok	N10	N10	N10	N10
	N★			타 마하랏 Tha Maharaj
	N9		N9	N9 · 타 창 Tha Chang
				N8 · 타 띠엔 Tha Tien(임시 비 정차)
왓 아룬 Wat Arun(임시 정차)	N★			N★
				N7 · 타 라치니 Tha Rajinee
	N6			N6 · 타 싸판 풋 Tha Memorial Bridge
	N5	N5	N5	N5 · 타 랏차웡 Tha Rajchawongse
N5	N4			N4 · 타 끄롬짜오타(항만청) Tha Marine Dept.
N3	N3	N3	N3	N3 · 타 씨 프라야 Tha Si Phaya
				N2 · 타 왓 므앙캐 Tha Wat Muang Kae
N1	N1		N1	N1 · 타 오리엔탈 Tha Oriental
	CENTRAL			타 싸톤 Tha Sathon · 싸판딱신 Saphan Taksin
Tha Wat Sawetachat				S1
	S2		S2	S2 · Tha Wat Worachanyawas
	S3		S3	S3 · Tha Wat Rajsingkorn
Tha Ratburana		S4		